FORSCHUNGSBERICHTE DES LANDES NORDRHEIN-WESTFALEN

Nr. 1964

Herausgegeben im Auftrage des Ministerpräsidenten Heinz Kühn
von Staatssekretär Professor Dr. h. c. Dr. E. h. Leo Brandt

DK 535.247:628.987

Prof. Dr.-Ing. habil. Witold Wiechowski

Dipl.-Ing. Günter Dannhauer

Dr.-Ing. Richard Schneppendahl

Dipl.-Ing. Norbert Vormann

im Auftrage von Herrn Professor Eugen Flegler
Rogowski-Institut für Elektrotechnik an der
Rhein.-Westf. Technischen Hochschule Aachen

Ein Verfahren zur unmittelbaren Aufnahme von Leuchtdichteverteilungskurven

WESTDEUTSCHER VERLAG · KÖLN UND OPLADEN 1968

ISBN 978-3-663-06158-8 ISBN 978-3-663-07071-9 (eBook)
DOI 10.1007/978-3-663-07071-9

Verlags-Nr. 011964

Gesamtherstellung: Westdeutscher Verlag

Inhalt

1. Einleitung

In der Beleuchtungstechnik setzt sich immer mehr die Erkenntnis durch, daß zur Kennzeichnung der Zweckmäßigkeit und Güte einer Beleuchtungsanlage nicht in erster Linie, wie bisher angenommen, die verhältnismäßig leicht zu messende und auch vorauszuberechnende Beleuchtungsstärke und ihre Verteilung auf einer Meßebene maßgebend sind, sondern daß die Helligkeiten und ihre Gegensätze, d. h. die Leuchtdichte und ihre Verteilung, die sich einem Beobachter darbieten, eine ausschlaggebende Rolle spielen. Dies gilt besonders für nach dem neuesten Stand der Beleuchtungstechnik ausgeführte Anlagen mit einer mittleren Horizontalbeleuchtungsstärke von über 500 lx.
Einer allgemeinen Einführung der Leuchtdichte als Bewertungsgrundlage für Beleuchtungsanlagen steht vor allem entgegen, daß es zur Zeit noch kein Gerät gibt, mit dem man auf einfache Weise Leuchtdichteverteilungen oder Linien gleicher Leuchtdichten unmittelbar aufnehmen könnte. Mittelbar können Leuchtdichteverteilungen z. B. wie folgt aufgenommen werden.

1. Man mißt die Leuchtdichte nicht allzu kleiner Flächenstücke einzeln und verbindet Punkte gleicher Leuchtdichte, wobei meist zwischen Meßpunkten graphisch interpoliert werden muß. Auf diese Weise werden die Linien gleicher Leuchtdichte – im folgenden kurz Leuchtdichtelinien genannt – nur punktweise bestimmt, was sehr viele Meßpunkte und damit einen großen Zeitaufwand erfordert.
2. Man stellt eine photographische Aufnahme der Beleuchtungsanlage her und ermittelt bei bekannter Gradationskurve der photographischen Schicht die Kurven gleicher Schwärzung mit Hilfe der üblichen Verfahren der Äquidensitometrie [1], [2]. Bei einer Art dieses Verfahrens wird außer der eigentlichen Beleuchtungsanlage ein Leuchtdichtenormal photographiert, das aus einer photometrisch eingemessenen Skale der interessierenden Leuchtdichtewerte besteht, so daß man bei gleicher Behandlung beider Negative bei den weiteren Umkopierungsprozessen unabhängig von den Gradationskurven der photographischen Schichten wird [3].
3. Ein Gerät zur unmittelbaren Herstellung von Äquidensiten, das sogenannte »Äquidensoskop«, benutzt die Grundlagen der Fernsehmikroskopie, um auf elektronischem Wege aus dem normalen Fernsehbild beliebige Äquidensiten zu erzeugen und dem Auge sichtbar zu machen [4]. Dabei dienen Begrenzer, wie sie aus der Rundfunktechnik bekannt sind, dazu, aus dem Bildsignal in einem Fernsehgerät alle nicht interessierenden Spannungswerte auszusondern und nur die zu den Äquidensiten gehörenden zur Aufzeichnung auf dem Bildschirm weiterzuleiten.

Im folgenden soll nun eine Abwandlung dieses Verfahrens zur Erzeugung von Leuchtdichtelinien auf einem Fernsehbildschirm beschrieben werden.

2. Leuchtdichtemessung mit einer Fernsehanlage

Eine Leuchtdichte kann man entsprechend ihrer Definition nur einem Punkt oder einem Flächenelement zuordnen. Spricht man von der Leuchtdichte eines ausgedehnten Gegenstandes, so muß man also im allgemeinen berücksichtigen, daß diese Leuchtdichte an den verschiedenen Punkten des Gegenstandes nicht überall den gleichen Wert haben muß. Die Leuchtdichte ist abhängig von den räumlichen Koordinaten der Punkte des Gegenstandes.

Betrachtet man einen Gegenstand durch ein optisches System, so kann man nur auf eine Ebene möglichst scharf einstellen. Dies bedeutet, daß von den räumlichen Koordinaten eine festgehalten wird, indem man am Objektiv des optischen Systems die Tiefe, in der die größte Bildschärfe liegen soll, einstellt. Die Leuchtdichte hängt dann nur noch von zwei ebenen Koordinaten ab.

Die Leuchtdichte eines bewegten Gegenstandes schwankt vor allem im Freien durch Änderung der Beleuchtung oder auch durch Veränderungen am Gegenstand selbst mit der Zeit. Die zu messende Leuchtdichte L eines Objekts ist also eine von drei unabhängig veränderlichen Größen – den ebenen Koordinaten x und y und der Zeit t – abhängig veränderliche Größe: $L = L(x, y, t)$.

Im Idealfall bleibt diese Abhängigkeit bei der Messung so erhalten, daß sie im Meßergebnis unverändert wiederkehrt. In Wirklichkeit treten Verfälschungen auf, die später noch beschrieben werden.

Prinzipiell geht die Leuchtdichtemessung mit einer Fernsehanlage so vor sich: Vom Objekt mit der Leuchtdichte L verschafft man sich mit Hilfe einer optischen Abbildung ein reelles Bild. An die Stelle des Bildes bringt man die Photokathode einer Fernsehaufnahmekamera. Der vom Objekt herkommende Lichtstrom Φ wirkt auf die Photokathode ein; es entsteht ein Photostrom I, der an einem Widerstand die Bildsignalspannung U hervorruft. Dieses Bildsignal steuert nach seiner Übertragung zum Bildwiedergabegerät die Helligkeit, mit der die einzelnen Punkte des Objekts auf dem Bildschirm abgebildet werden. Wichtig ist, daß auf diese Weise in jedem Augenblick die Bildsignalspannung der Leuchtdichte des gerade abgetasteten Objektpunktes proportional ist: $U = U(x, y, t) \sim L(x, y, t)$. Wenn der Proportionalitätsfaktor bekannt ist, hat man also die Messung der Leuchtdichte zurückgeführt auf eine Spannungsmessung.

3. Aufnahme von Leuchtdichtelinien mit einer Fernsehanlage

3.1 Grundsätzliches

Die Bildsignalspannung U kann Werte zwischen Null und einem Maximum einnehmen, die man normalerweise sämtlich zum Bildwiedergabegerät überträgt; auf dem Bildschirm sind dann alle Objektpunkte abgebildet, soweit sie von dem Gerät zur optischen Abbildung erfaßt werden. Begrenzt man aber die Übertragung des Bildsignals auf Spannungen, die im Bereich $U - \Delta U < U < U + \Delta U$ liegen, dann sind nur noch diejenigen Teile des Objekts im Bild zu sehen, deren Leuchtdichte gerade so groß ist, daß die zugehörigen Signalspannungen im Übertragungsbereich liegen. Je kleiner der übertragene Spannungsbereich $2\,\Delta U$ gegenüber den vorkommenden Signalspannungen U

ist, desto weniger Objektpunkte werden noch abgebildet. Schließlich, wenn $\Delta U/U \ll 1$ wird, sind auf dem Bildschirm nur noch einzelne Punkte und Linien zu sehen, die Objektpunkten mit einer bestimmten Leuchtdichte entsprechen. Der Bildschirm zeigt nur noch die gesuchten ‚Leuchtdichtelinien'.

3.2 Überprüfung der Voraussetzungen

Voraussetzung für eine fehlerfreie Aufzeichnung von Linien gleicher Leuchtdichte ist Proportionalität zwischen Objektleuchtdichte und Bildsignalspannung. Es soll nun geprüft werden, wieweit diese Bedingung bei der optischen Abbildung und bei der Aufzeichnung mit der Bildröhre erfüllt ist.

3.2.1 Die optische Abbildung

Im Anhang wird der Zusammenhang zwischen der Bildhelligkeit auf der Photokathode der Aufnahmeröhre und der Objektleuchtdichte abgeleitet. Dabei dient als Maß für die Bildhelligkeit die Beleuchtungsstärke E' auf der Photokathode. Es zeigt sich, daß tatsächlich, wie gefordert, diese Beleuchtungsstärke E' direkt proportional der Leuchtdichte des Objekts ist, streng allerdings nur in der optischen Achse des Systems; in größerer Entfernung von der optischen Achse, also bei den Randstrahlen der Abbildung, nimmt die Bildhelligkeit auch bei gleichbleibender Objektleuchtdichte gegenüber der Helligkeit in Bildmitte nach dem Gesetz $E \sim L \cdot \cos^4 \alpha$ ab [5]; α ist hier der halbe Öffnungswinkel des zur Abbildung verwendeten Objektivs. Dies bedeutet, daß man sich auf kleine Öffnungswinkel beschränken muß, für die $\cos^4 \alpha \ll 1$ ist. Das ist hinreichend genau, nämlich mit einem Fehler von höchstens 5%, der Fall bei halben Öffnungswinkeln bis zu $\alpha = 10°$; wächst α über 13° an, so steigt der Fehler auf mehr als 10%.

Das Format des Bildes auf der Photokathode ist vom bildseitigen Öffnungswinkel des Objektivs bestimmt. Je größer das Bild ist, desto größer werden auch die Unterschiede in den Beleuchtungsstärken am Bildrand und in Bildmitte. Außerdem nehmen mit wachsendem Bildformat bei festem Abstand zwischen Bild und Hauptebene des Objektivs auch die geometrischen Bildfehler zu. Trotzdem wäre es unzweckmäßig, das Bildformat sehr klein zu halten, weil dann auch das Auflösungsvermögen sehr gering wäre. Vorbedingung für ein großes Auflösungsvermögen ist ein großer Abbildungsmaßstab, das heißt ein großes Verhältnis einer Länge im Bild zur entsprechenden Länge am Gegenstand. Es ist also für Leuchtdichtemessungen nicht gleichgültig, welches Objektiv man verwendet; Teleobjektive sind Weitwinkelobjektiven vorzuziehen, weil sie bei gegebenem Abbildungsmaßstab den kleineren Öffnungswinkel haben und umgekehrt.

3.2.2 Die Bildröhre

Wie gut die Forderung nach Proportionalität zwischen Bildsignalspannung und Objektleuchtdichte erfüllt ist, hängt wesentlich von den Eigenschaften der Fernsehaufnahmeröhre ab [6], [7], [8], [9], [10].

Zunächst ist zu prüfen, ob in der Aufnahmeröhre ein linearer Zusammenhang zwischen Bildhelligkeit und Bildsignalspannung besteht.

Das vom Objektiv auf der Photokathode im Innern der Röhre entworfene Bild des Objekts wird elektronenoptisch auf eine Speicherplatte übertragen, deren einzelne Elemente – sie sind als kleine Kondensatoren auffaßbar – auf eine der Beleuchtungsstärke des betreffenden Bildpunkts entsprechende Spannung aufgeladen werden. Ein Elek-

tronenstrahl tastet das so auf der Speicherplatte entstandene Ladungsbild des Objekts punktweise ab und erfährt dabei eine Modulation seiner Intensität entsprechend der Ladung jedes einzelnen Punktes und damit der Beleuchtungsstärke des entsprechenden Bildpunktes. Durch diesen modulierten Strom entsteht am Arbeitswiderstand der Röhre eine gleichfalls modulierte Spannung, die Bildsignalspannung. Trägt man diese über der Beleuchtungsstärke des Bildes auf, so erhält man die ‚Gradationskennlinie' der Röhre. Im Bereich kleiner Beleuchtungsstärken verlaufen solche Kennlinien im allgemeinen linear; bei höheren Beleuchtungsstärken aber nimmt die Bildsignalspannung nicht mehr entsprechend der Bildhelligkeit zu. Dies rührt daher, daß die auf der Speicherplatte abzutastenden Punkte nur bis zu einer Spannung von etwa 2 V aufgeladen werden können [6]. Andererseits reicht bei sehr geringen Beleuchtungsstärken die Energie des zu einem bestimmten Zeitpunkt vorhandenen Lichtes nicht aus, um aus der Photokathode Elektronen auszulösen und die Speicherplatte aufzuladen, wie dies für die Umwandlung der Helligkeitssignale in Spannungssignale erforderlich wäre. In diesem Bereich kann mithin keine Signalspannung entstehen. Die Gradationskennlinie verläuft also nur in einem mittleren Bereich der Beleuchtungsstärken linear. Die Größe dieses Bereiches, der für Meßzwecke geeignet ist, wird gekennzeichnet durch den Kontrastumfang, das heißt durch das Verhältnis des Wertes der Beleuchtungsstärke am unteren Ende des linearen Teils der Gradationskennlinie zum Wert der Beleuchtungsstärke am oberen Ende.
Die Proportionalität zwischen der Beleuchtungsstärke auf der Photokathode und der Bildsignalspannung wird auch durch das begrenzte Auflösungsvermögen bei Fernsehübertragungen gestört. Die Frequenz, mit der die Bildpunkte in der Fernsehkamera abgetastet werden, beträgt nach der CCIR-Norm 5 MHz. Liegen nun zwei Objektpunkte unterschiedlicher Leuchtdichte sehr eng nebeneinander, so werden ihre Bilder innerhalb einer Zeit abgetastet, die kürzer ist als eine Periodendauer bei 5 MHz; sie sind nicht zu unterscheiden oder aufzulösen; auf der Bildwiedergaberöhre erscheinen sie zu einem Punkt verschmolzen. Selbst Punkte, deren Bilder noch so weit auseinanderliegen, daß sie nicht miteinander verschmelzen, werden nicht immer entsprechend ihrer Leuchtdichte getrennt wiedergegeben, weil das Bildsignal eine endliche Anstiegszeit hat. Ein kleiner heller Fleck in dunkler Umgebung oder umgekehrt erscheint auf dem Bildschirm nur andeutungsweise; das Bildsignal hatte nicht genügend Zeit, seinen Spannungsendwert zu erreichen. Diese unvermeidliche Erscheinung begrenzt auch die Bildschärfe, welche natürlich außerdem noch von den optischen Eigenschaften des Objektivs und von den elektronenoptischen Eigenschaften der Abtastung beeinflußt wird.
Ungünstig wirken sich auch Geometriefehler aus, worunter man räumliche oder zeitliche Abweichungen versteht, welche einzelne Punkte oder Teile des Bildes gegenüber einer idealen Abbildung des Objektes aufweisen. Falls diese Fehler durch unregelmäßige Bewegung des abtastenden Elektronenstrahls, durch schlecht justierte Ablenksysteme oder durch Einstreuung von Magnetfeldern hervorgerufen sind, kann man sie durch Verbessern der Einstellung des Ablenksystems beseitigen. Das ist aber nicht möglich bei Geometriefehlern, wie sie durch elektrische Querfelder an der Speicherplatte entstehen. Wird ein Schwarzweißsprung abgebildet, dann entsteht auf der Speicherplatte ein Potentialsprung und zwischen den verschiedenen Potentialen ein Querfeld. Der abtastende Elektronenstrahl erfährt im Querfeld eine Ablenkung zum positiven Potential hin, welches dem Weiß entspricht. Daher erscheinen weiße Flächen vor schwarzem Hintergrund im Fernsehbild größer, als sie in Wirklichkeit sind.
Umgekehrt kommt es vor, daß Bildteile dunkler aufgezeichnet werden, als es der Leuchtdichte am Gegenstand entspricht. Tritt nämlich an einer Stelle des Bildes eine gegenüber der näheren Umgebung sehr hohe Beleuchtungsstärke auf, so können bei der elektronenoptischen Übertragung des Bildes von der Photokathode zur Speicherplatte

die anfallenden Elektronen nicht alle verarbeitet werden und lagern sich auf den benachbarten, dunkleren Bildteilen zugehörigen Elementen der Speicherplatte ab, wo sie das vorhandene Ladungsbild teilweise löschen. Auf diese Weise entsteht um die helle Stelle herum ein dunkler Hof (Haloerscheinung).
Schließlich können als Fehlerquellen bei Leuchtdichtemessungen noch Ungleichmäßigkeiten im Aufbau der lichtempfindlichen Schicht und der Speicherplatte oder statistische Schwankungen bei den Vorgängen der Photoemission, der Ladungsspeicherung und der Abtastung störend wirksam werden. Die statistischen Schwankungen führen dazu, daß dem Bildsignal ein Rauschen überlagert ist, welches den erfaßbaren Leuchtdichtebereich am unteren Ende im allgemeinen stärker einschränkt als die endliche Empfindlichkeit der Photokathode.

3.3 Folgerungen

Neben der schon erwähnten Beschränkung auf kleine Öffnungswinkel ergeben sich weitere Einschränkungen auf Grund der Eigenschaften der Bildröhre; diese betreffen den Meßbereich und den Kontrastumfang. Im folgenden ist vorausgesetzt, es sei ein Amplitudenbandpaß vorhanden, mit dem man fehlerlos aus dem Bildsignal Spannungen auswählen und weiterübertragen kann, die in einem vorgegebenen Bereich $2\,\Delta U$ liegen.

3.3.1 Meßbereich

Es ist anzustreben, einen möglichst großen Leuchtdichtebereich mit nur einem Gerät messen zu können. In der Praxis treten Leuchtdichten zwischen 10^{-3} cd/m^2 und 10^6 cd/m^2 auf. Nach der Gleichung (10) aus dem Anhang

$$E' = L \cdot \frac{\pi}{4} \cdot \tau \cdot k^2 \qquad (10)$$

entsprechen diesen Leuchtedichten bestimmte Beleuchtungsstärken auf der Photokathode; sie sind außer von der Leuchtdichte noch vom Durchlaßgrad τ des Objektivs und vom Blendenöffnungsverhältnis k abhängig. Handelsübliche Objektive weisen einen Durchlaßgrad $\tau = 0{,}9$ auf; ihr Blendenöffnungsverhältnis läßt sich zwischen 1:2,8 und 1:22 einstellen. Auf der Photokathode sind daher Beleuchtungsstärken von $E' = 10^{-4}$ lx bis $E' = 1500$ lx zu verarbeiten. Selbst hochempfindliche Photokathoden benötigen aber eine Mindestbeleuchtungsstärke, die etwa 30mal so groß ist wie die niedrigste praktisch vorkommende; die so gegebene Einschränkung des Meßbereiches ist durch keinerlei Hilfsmittel zu umgehen. Anders bei den hohen Beleuchtungsstärken: falls die Photokathode sie nicht verarbeiten kann, schwächt man das auftreffende Licht durch ein Filter vor dem Objektiv. Dies ist auch schon wegen der Nichtlinearität der Gradationskennlinie bei hohen Beleuchtungsstärken notwendig.
Ohne zusätzliche Hilfsmittel sind infolge dieser Einschränkungen nur Leuchtdichten zwischen 0,3 cd/m^2 und 7000 cd/m^2 mit sehr empfindlichen Aufnahmeröhren meßbar.

3.3.2 Kontrastumfang

Die genannten Grenzwerte der Leuchtdichte dürfen nicht in einem Bild gleichzeitig vorhanden sein, weil der untere Wert dem größten, der obere aber dem kleinsten Blendenöffnungsverhältnis entspricht und man außerdem die Strahlstromstärke der Aufnahmeröhre nachstellen müßte, wenn man den ganzen Leuchtdichtebereich erfassen wollte. Es ist aber natürlich nicht möglich, Blende und Strahlstrom der Helligkeit des gerade aufgenommenen Objektpunktes entsprechend schnell genug zu regeln. Dies wäre auch nicht erwünscht, weil damit der lineare Zusammenhang zwischen Objektleuchtdichte und Signalspannung in der Fernsehanlage von vornherein gestört würde. Man muß also mit fester Blenden- und Strahlstromeinstellung arbeiten; das bedeutet eine weitere Einschränkung des zu einem bestimmten Zeitpunkt erfaßbaren Leuchtdichtebereiches. Diesen Bereich nennt man den Kontrastumfang der Fernsehanlage, den man definiert als das Verhältnis der kleinsten zulässigen Leuchtdichte oder Beleuchtungsstärke zur größten zulässigen. Gebräuchliche Röhren haben einen Kontrastumfang von 1:30 [11], [12].

3.3.3 Lichtwertregler

Zur Erweiterung des Meßbereiches nach hohen Leuchtdichten hin verwendet man optische Filter im Strahlengang vor dem Kameraobjektiv. Diese Filter müssen »grau« sein, das heißt, sie müssen das Licht aller Wellenlängen in gleichem Maße dämpfen. Sehr geeignet hierfür ist ein Filter, dessen Durchlaßgrad durch Verändern der Schichtdicke einer Flüssigkeit im Verhältnis 1:50000 einstellbar ist und das unter dem Namen Lichtwertregelgerät bekannt ist. Damit sind auch die größten vorkommenden Leuchtdichten zu erfassen. Der Kontrastumfang der Fernsehanlage bleibt unverändert; es werden nur die zu messenden Leuchtdichten definiert in den für die Kamera geeigneten Meßbereich verschoben.

4. Amplitudenbandpaß

Wie im Abschnitt 3.1 angedeutet, erfordert eine Leuchtdichtemessung mit einer Fernsehanlage ein Gerät, das nur einen kleinen Teil der Bildsignalspannung zur weiteren Verarbeitung durchläßt. Die Auswahl dieses Teils erfolgt nach den Signalamplituden: das Gerät läßt nur ein schmales Band aus dem gesamten Amplitudenspektrum passieren und heißt darum Amplitudenbandpaß.

4.1 Verwirklichungsmöglichkeiten

Die Aufgabe, nur Signale eines begrenzten Spannungsbereiches zur Bildröhre zu übertragen, läßt sich mit Diodenbegrenzern oder Mehrgitterröhrenbegrenzern lösen. Diese Verfahren haben den Nachteil, daß die Helligkeit der Leuchtdichtelinien auf dem Bildschirm vom Absolutwert des eingestellten Spannungsbereiches, also von der Leuchtdichte der betreffenden Linien am aufgenommenen Gegenstand abhängt. Erwünscht ist aber, daß die aufgezeichneten Leuchtdichtelinien immer gleich hell erscheinen, damit sie sich immer gleich gut vom dunklen Hintergrund auf der Bildwiedergaberöhre abheben. Krug und Schusta [3] haben eine Schaltung mit Mehrgitterröhren angegeben, welche diese Forderung erfüllt. Mit neueren Schaltungen wie Multivibratoren ist es aber möglich, genauere und leichter einstellbare Begrenzer zu bauen.

4.2 Gewählte Lösung

Eine Amplitudenbegrenzerschaltung, die an ihrem Ausgang ein Signal konstanter Amplitude liefert, unabhängig von der Größe der Eingangsspannung, stellt der »Schmitt-Trigger« dar. Das ist ein bistabiler Multivibrator, der bei einer bestimmten veränderbaren Mindesteingangsspannung ein konstantes Signal erzeugt, das so lange erhalten bleibt, bis die Eingangsspannung den eingestellten Mindestwert wieder unterschreitet. Unter Verwendung von Schmitt-Triggern kann man alle Forderungen mit einer Schaltung nach Abb. 1 erfüllen.

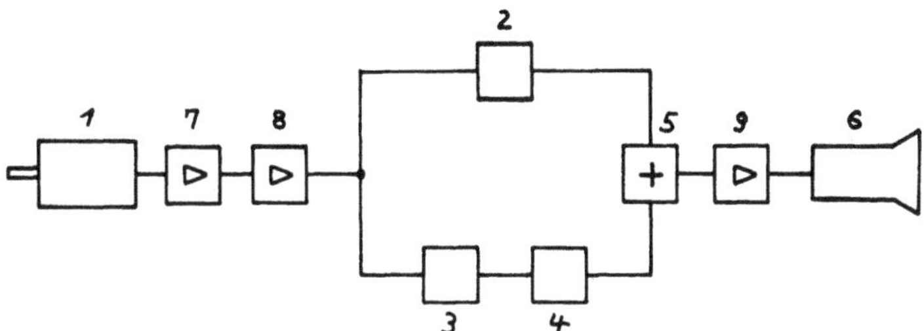

Abb. 1

Von der Kamera 1 gelangt das Bildsignal auf die parallel geschalteten Eingänge der beiden Trigger 2 und 3; vorher durchläuft das Signal die beiden Verstärker 7 und 8, welche außer einer Verstärkung die Anpassung an die Belastung durch die folgenden Stufen besorgen. Die Eingangsschwelle des Triggers 2 ist auf den Spannungswert U_1 eingestellt. Überschreitet das Bildsignal diese Spannung, so gibt der Trigger 2 ein negatives Signal ab, das unmittelbar zu einer Antikoinzidenzstufe 5 gelangt, deren Ausgangsspannung durch die Differenz der Eingangsspannungen bestimmt wird. Die Eingangsschwelle des Triggers 3 ist auf den Spannungswert U_2 eingestellt, der um $2\,\Delta U$ höher liegt als U_1. Sobald das Bildsignal den Wert U_2 übersteigt, liefert auch Trigger 3 ein negatives Signal gleicher Größe wie Trigger 2, das aber in diesem Fall eine Vorzeichenumkehrstufe 4 durchläuft, bevor es zur Antikoinzidenzstufe 5 gelangt. Dort kompensieren sich die beiden Signale, so daß jetzt die Bildröhre 6 nicht mehr ausgesteuert wird. Signalamplituden unter der unteren Schwelle U_1 und über der oberen Schwelle U_2 werden also unterdrückt. Nur wenn die Signalamplituden zwischen U_1 und U_2 liegen, liefert die Antikoinzidenzstufe eine Ausgangsspannung und die Bildröhre wird hell getastet (Abb. 2). Da die Kippspannungen U_1 und U_2 der Trigger einzeln und in weiten Grenzen einstellbar sind, besitzt man damit ein Gerät, bei dem sowohl die absolute Höhe als auch die Breite des abgebildeten Leuchtdichtebereichs den Forderungen entsprechend verändert werden können. Der Verstärker 9 schließlich dient zur Anpassung an die Belastung der Antikoinzidenzstufe durch das zur Bildröhre führende Kabel.
Die gewählte Anordnung hat den Vorzug, daß die einzelnen Stufen einen einfachen Aufbau besitzen und sich leicht aneinander und an die Fernsehanlage anpassen lassen.

4.2.1 Schmitt-Trigger

Der Schmitt-Trigger ist eine besondere Form des Multivibrators. Multivibratoren bestehen aus zwei durch eine Kopplung und eine Gegenkopplung so miteinander verbundenen Röhren (oder Transistoren), daß jeweils eine der beiden Röhren vollständig gesperrt ist, während die andere leitet und umgekehrt. Der Multivibrator hat also zwei Betriebszustände, wobei der Übergang von einem zum anderen, währenddessen beide Röhren leiten, infolge einer starken Rückkopplung sprunghaft erfolgt. Von den ver-

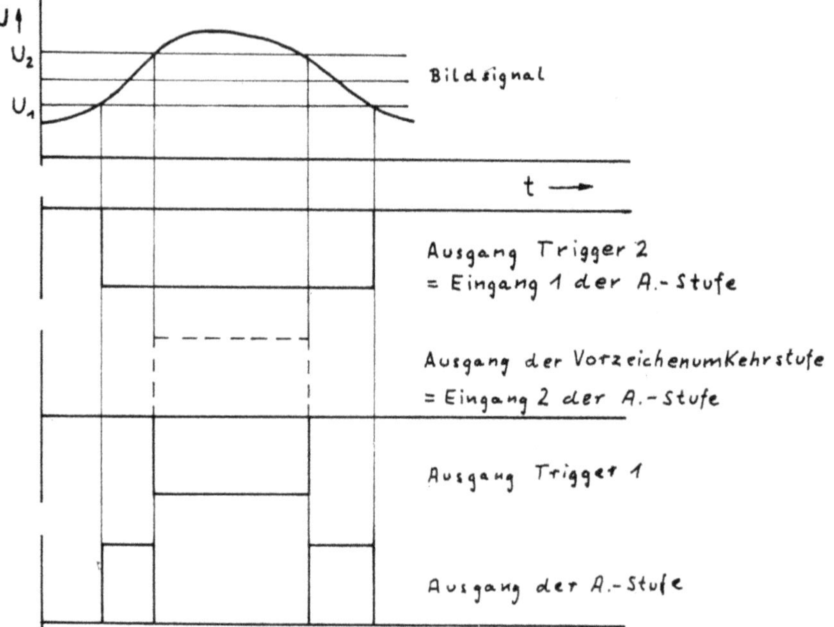

Abb. 2

schiedenen möglichen Schaltungen kommt für den Amplitudenbandpaß nur ein bistabiler Multivibrator in Frage, dessen beide Betriebszustände stabil, d. h. beliebig lange haltbar sind. Der Anstoß zum Umklappen von einem Betriebszustand in den anderen erfolgt von außen entweder durch positive und negative Impulse oder bei Über- und Unterschreiten einer einstellbaren Kippspannung.

Zahlreiche Veröffentlichungen [13] bis [18] behandeln sehr ausführlich alle im Zusammenhang mit Multivibratoren auftretenden Fragen. Hier genügt es deshalb, die Wirkungsweise des bistabilen Multivibrators (sog. »Schmitt-Trigger«) nur kurz an Hand von Abb. 3 zu erläutern.

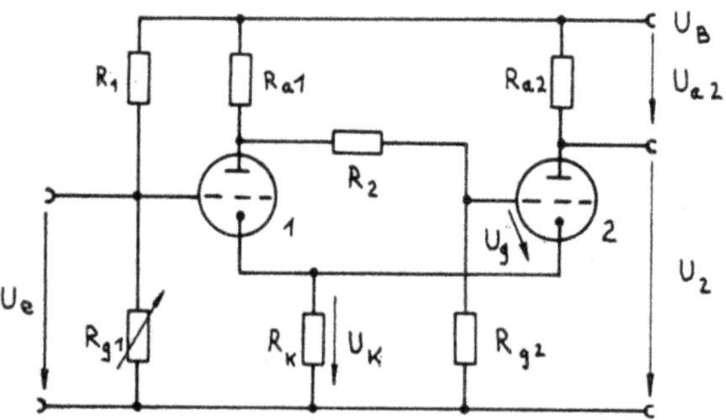

Abb. 3

Die Arbeitspunkte der Röhren seien so eingestellt, daß im Ruhezustand, d. h. wenn am Eingang die Signalspannung gleich Null ist, Röhre 1 leitet und Röhre 2 sperrt. Gelangt ein negatives Signal U_e (siehe Abb. 4) auf das Gitter der Röhre 1, so wird diese gesperrt, wenn die am Spannungsteiler R_1, R_{g1} einstellbare Spannung $U_e = U_{e1}$ erreicht ist. Die Abnahme des Anodenstromes der Röhre 1 ist mit einer Änderung der Spannungsverteilung an der Widerstandskette R_{a1}, R_2, R_{g2} verbunden. Dadurch wird die Röhre 2 aufgesteuert; sie übernimmt jetzt den Strom, der vorher in der Röhre 1 geflossen ist.

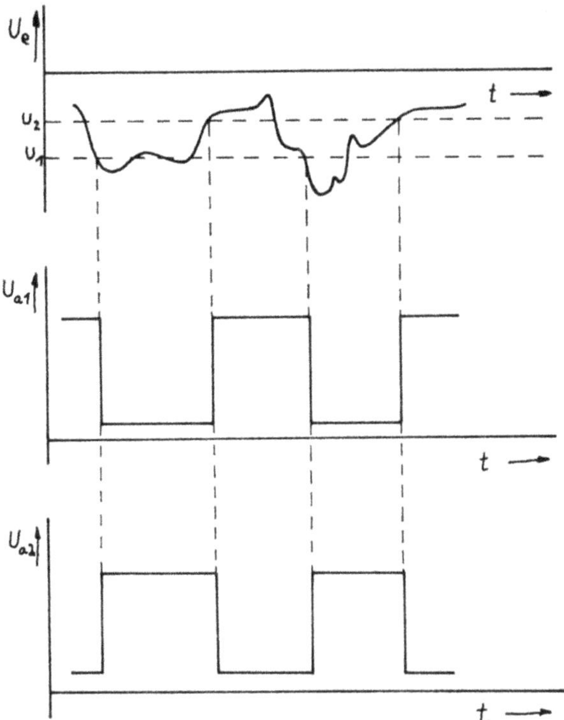

Abb. 4

Bei passender Wahl der Schaltelemente überwiegt die Abnahme des Anodenstromes I_{a1} die Zunahme von I_{a2}. Dann erfolgt dieser »Kippvorgang« sehr schnell. Der umgekehrte Vorgang läuft ab, wenn die Eingangsspannung U_e über den Wert U_{e2} ansteigt. Der Trigger »kippt« zurück, so daß sich der eingangs angenommene Zustand (Röhre 1 geöffnet, Röhre 2 gesperrt) wieder einstellt. Die Erscheinung, daß der Kippvorgang bei einer niedrigeren oder höheren Eingangsspannung erfolgt, je nachdem ob die Eingangsspannung von kleinen Werten ausgehend steigt oder von großen Werten ausgehend sinkt, wird Hysterese des Schmitt-Triggers genannt.
Verwendet man Transistoren an Stelle der Röhren, so laufen im Prinzip die gleichen Vorgänge ab. Allerdings ist es bei gleichem Aufwand leichter, mit Röhren hohe Schaltfrequenzen zu erzielen.
Der Schmitt-Trigger muß bestimmte Forderungen erfüllen, wenn er in dem oben beschriebenen Amplitudenbandpaß verwendet werden soll. Insbesondere soll seine Hysterese gering, seine Schaltfrequenz hoch und seine Kippspannung einstellbar sein.
Im Schrifttum findet man folgende Hinweise [15]: Die Hysteresespannung U_H, das heißt die Differenz der das Kippen auslösenden Spannungswerte bei Steigen und Sinken der Eingangsspannung, wächst mit steigender Sperrspannung U_g; man sollte also U_g nur gerade so groß machen, daß die Röhre mit ausreichender Sicherheit sperrt. R_{g2} und R_{a1} sollen möglichst kleine, R_K und R_2 aber möglichst große Werte annehmen. Hierbei bedeuten »möglichst kleine« und »möglichst große« Werte natürlich die für sicheres Arbeiten noch eben zulässigen Grenzwerte. Auf keinen Fall gelingt es, die Hysteresespannung ganz zu beseitigen, weil dann der Schmitt-Trigger zu schwingen beginnt. Außerdem wird bei kleiner Hysteresespannung die Kippschaltung zu empfindlich gegenüber Veränderungen der Röhrenemission im Betrieb oder durch Röhrenaustausch. Die statische Stabilität der Schaltung, das heißt ihre Fähigkeit, trotz äußerer Störeinflüsse einen gewünschten Zustand beizubehalten, erfordert also einen Mindestwert der Sperr-

spannung U_g, der etwas über den Punkt hinausgeht, bei dem die Röhre zu sperren beginnt. Erfahrungsgemäß muß man verlangen, daß das Gitter mit dem knapp zweifachen Betrag der Mindestsperrspannung vorgespannt wird. U_H beträgt dann etwa 5% des Bereiches der vorkommenden Eingangsspannungen.

Die Schaltfrequenz des bistabilen Multivibrators muß wenigstens 5 MHz betragen. Diese Frequenz tritt auf, wenn in einem Fernsehbild in einer Zeile schwarze und weiße Bildpunkte unmittelbar aufeinander folgen. Damit die Schmittschaltung mit einer Tastfrequenz von 5 MHz arbeiten kann, darf ihre Abklingzeit höchstens 0,2 μs betragen.

Die Schaltfrequenz der Kippschaltung kann nicht beliebig hoch getrieben werden. In der Praxis sind Spannungssprünge, wie sie in Abb. 4 gezeigt sind, nur angenähert zu verwirklichen. In Wirklichkeit ist die Steilheit bei Spannungsänderungen immer endlich, und damit ist auch die mögliche Schaltfrequenz nach oben hin begrenzt. Vor allem sind dafür die unvermeidlichen Schalt- und Streukapazitäten, auch die Röhrenkapazitäten, verantwortlich; diese sind also klein zu halten. Dagegen wirkt sich ein absichtlich eingebauter Kondensator, der den Koppelwiderstand R_2 überbrückt, günstig auf die Schaltfrequenz aus. Hohe Schaltfrequenz erfordert Röhren mit kleinen Kapazitäten und kleinen Innenwiderständen, aber mit großen Anodenströmen [15]. Berücksichtigt man diese Gesichtspunkte, so ist eine Schaltfrequenz von 5 MHz noch ohne besondere Schwierigkeiten zu verwirklichen.

Zur Einstellung der Kippspannung auf einen der zu messenden Leuchtdichte entsprechenden Pegel macht man am einfachsten die Gittervorspannung des ersten Röhrensystems dadurch veränderlich, daß man sie mit einem verstellbaren Spannungsteiler aus der Batteriespannung ableitet. Bei Verwendung von Schichtpotentiometern ist dann der meßbare Leuchtdichtebereich kontinuierlich abzutasten. Falls die Anwendung des Gerätes es erfordert, kann man auch einen in Stufen bestimmter Größe umschaltbaren Widerstand an Stelle des Potentiometers einbauen.

Obwohl das Bildsignal in einer Fernsehübertragungsanlage in einem bestimmten Amplitudenbereich vorliegt, braucht man hierauf bei der Dimensionierung des bistabilen Multivibrators nicht unbedingt Rücksicht zu nehmen. Man kann nämlich das Eingangssignal für den Schmitt-Trigger mit vorgeschalteten Verstärkern auf das gewünschte Maß bringen.

4.2.2 Antikoinzidenzstufe

Nach Abb. 1 arbeitet der Amplitudenbandpaß mit zwei Schmitt-Triggern in Parallelschaltung. Die Ausgangssignale der beiden Multivibratoren werden in der Antikoinzidenzstufe gegensinnig zusammengefaßt. Sie soll nur dann ein Ausgangssignal liefern, wenn das Signal am Eingang der Gesamtschaltung in einem vorgegebenen Spannungsbereich liegt. Die beiden Trigger (siehe Abb. 1) liefern negative Ausgangsimpulse; Impulse vom Trigger 2 werden unmittelbar, vom Trigger 3 über eine Phasenumkehrstufe zur Antikoinzidenzstufe weitergeleitet. Die Ausgangsimpulse des Triggers 2 speisen das stromführende Triodensystem einer Doppeltriode. Dadurch erscheint ein positives Ausgangssignal am Anodenwiderstand. Dieses Signal wird beim Kippen des Triggers 3 kompensiert, weil der negative Ausgangsimpuls des Triggers 3 in der Phasenumkehrstufe in einen positiven Impuls umgewandelt wird, der die Antikoinzidenzstufe über ihr zweites Triodensystem aufsteuert. Sicherheitshalber wird leicht überkompensiert, damit unter allen Umständen kein positives Ausgangssignal mehr am Anodenwiderstand der Antikoinzidenzstufe erscheint. Ein negatives Signal ist unschädlich, da die Bildwiedergaberöhre in diesem Fall ja gerade schwarz getastet werden soll.

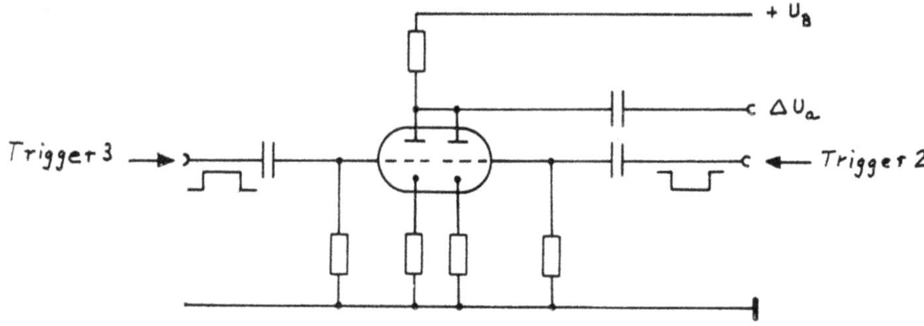

Abb. 5

Im Normalfall sind keine besonderen Vorkehrungen nötig, um Trigger und Antikoinzidenzstufe aneinander anzupassen. Nur die Größe der Ausgangsspannung der Antikoinzidenzstufe ist mit einem Verstärker auf das für die Bildwiedergaberöhre erforderliche Maß zu bringen; gleichzeitig geschieht damit die Anpassung an das 75-Ohm-Kabel, welches das Signal zur Bildröhre überträgt.

4.2.3 Vorzeichenumkehrstufe

Dem Trigger 3 ist eine Vorzeichenumkehrstufe nachgeschaltet, die den Zweck hat, das Vorzeichen des Triggerausgangssignals umzukehren. Man erreicht dies mit einer gewöhnlichen Verstärkerstufe, denn für deren Ausgangsspannung gilt, daß sie gleich ist der negativen Eingangsspannung, multipliziert mit der Röhrensteilheit und dem Außenwiderstand [16]. Dies gilt für einen großen Frequenzbereich, wenn man darauf achtet, daß Schaltkapazitäten möglichst klein bleiben. Die Größe der Bauelemente richtet sich in erster Linie nach der verlangten Verstärkung.

5. Versuchsaufbau

Nach dem dargelegten Prinzip wurde eine Versuchsanlage aufgebaut, die aus einer handelsüblichen Industrie-Fernsehanlage und aus einem für diesen Zweck entworfenen Amplitudenbandpaß besteht.

5.1 Beschreibung der Fernsehanlage

Die verwendete Fernsehanlage besteht aus vier Teilen: der Kamera zur Bildaufnahme, dem Sichtgerät zur Bildwiedergabe (Empfänger), dem Betriebsgerät für die Versorgung der Kamera mit den erforderlichen Betriebsspannungen und für die Verarbeitung des von der Kamera gelieferten Bildsignals und einem Bediengerät, mit dem die Kamera aus der Ferne elektrisch eingestellt wird. Die Übertragung des Bildsignals geschieht über Kabel (Abb. 6); eine Funkverbindung wäre zwar möglich, aber bei der beabsichtigten Verwendung unnötig. Ebenso wäre der Aufwand einer trägerfrequenten Übertragung nicht gerechtfertigt; es genügt hier die einfache videofrequente Übertragung, weil nur kurze Entfernungen zu überbrücken sind.

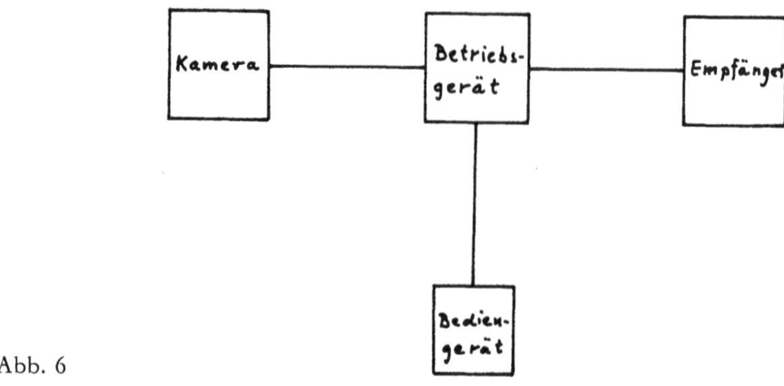

Abb. 6

5.1.1 Eigenschaften der Aufnahmeröhre

Zur Erfassung niedriger Leuchtdichten, wie sie zum Beispiel auf nächtlichen Straßen vorkommen, muß die Fernsehkamera mit einer Bildaufnahmeröhre hoher Empfindlichkeit ausgerüstet sein. Deshalb wurde das Image-Orthikon 5820 verwendet, welches in Verbindung mit einem Objektiv mit einem Blendenöffnungsverhältnis von 1:2,8 schon bei Objektleuchtdichten von 0,3 cd/m^2 anspricht [20], [21].

Die Messung von Leuchtdichten setzt voraus, daß der verwendete physikalische Empfänger die auftreffende Strahlung nach dem spektralen Hellempfindlichkeitsgrad des menschlichen Auges $V(\lambda)$ bewertet. Dies ist normalerweise nicht der Fall, da die relative spektrale Empfindlichkeit des Empfängers s_λ nicht mit $V(\lambda)$ übereinstimmt. Eine Anpassung des Empfängers kann mit einem Lichtfilter erreicht werden [19]. Der spektrale Durchlaßgrad des Anpassungsfilters muß dabei der Bedingung

$$s_\lambda \cdot \tau(\lambda) = k \cdot V(\lambda)$$

genügen. Da $\tau(\lambda)$ immer nur kleiner als eins sein kann, hat die $V(\lambda)$-Anpassung mit Filtern stets eine Empfindlichkeitseinbuße zur Folge.

Außerdem ist es praktisch unmöglich, mit einem einzigen Filter den Verlauf des Transmissionsgrades $\tau(\lambda)$ genau zu verwirklichen. Wollte man genau an $V(\lambda)$ anpassen, so müßte man mehrere Filter hintereinander in den Strahlengang bringen. Dies würde aber die Empfindlichkeit des Empfängers zu sehr herabsetzen. Daher zieht man meist vor, nur ein Filter zu verwenden und nimmt dabei entsprechende Abweichungen von $V(\lambda)$ in Kauf.

Zur Anpassung der verwendeten Bildröhre eignet sich das Wratten-Filter Nr. 6 am besten. Zusammen mit diesem Filter ergibt sich eine relative spektrale Empfindlichkeit der Gesamtanordnung s'_λ, deren Übereinstimmung mit $V(\lambda)$ für die Erprobung der Anordnung ausreicht (Abb. 7).

Das Image-Orthikon 5820 hat eine Gradationskennlinie, die mit hinreichender Genauigkeit als Gerade anzusehen ist, solange der Kontrastumfang bei den Objektleuchtdichten den Wert 1:30 nicht übersteigt.

Weniger günstig ist das Auflösungsvermögen der verwendeten Röhre [22], [23]. Normalerweise (z. B. beim Fernsehrundfunk) soll die Amplitude des Bildsignals bei einem 5-MHz-Strichraster noch 50% der Amplitude bei einem 0,5-MHz-Strichraster betragen. Im vorliegenden Fall hat aber schon das Signal eines 2-MHz-Strichrasters nur eine Amplitude von 25% der Amplitude des 0,5-MHz-Strichrasters, und bei einem 3,5-MHz-Strichraster sinkt die Amplitude sogar auf 5%. Bei einem 5-MHz-Raster ist kein meßbarer Wert mehr vorhanden. Dies bedeutet, daß die Signalspannung mindestens 1,5 µs

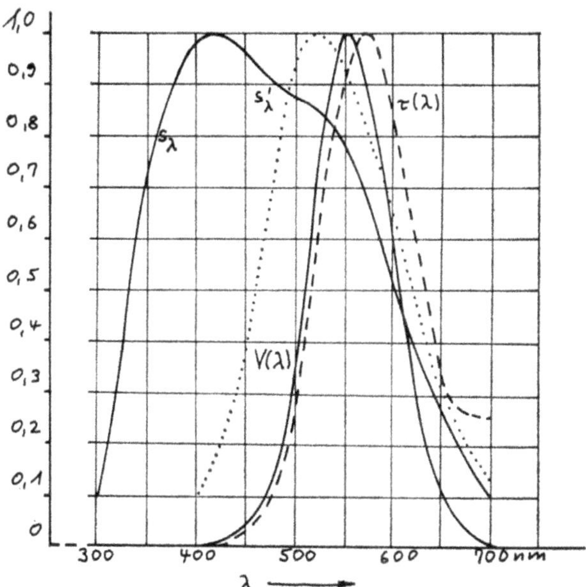

Abb. 7

benötigt, um von 10% auf 90% ihres Maximalwertes anzusteigen, wofür bei Röhren mit hohem Auflösungsvermögen nur 0,12 µs benötigt werden. Damit ist auch die Bildschärfe begrenzt.

Offensichtlich wurde die hohe Empfindlichkeit durch ein geringes Auslösungsvermögen erkauft. Auf Grund dieser Tatsache kann man nicht erwarten, daß die Leuchtdichtelinien auf dem Bildschirm Linien im mathematischen Sinn werden; vielmehr werden sie eine merkliche Breite aufweisen. Leuchtdichteunterschiede am Objekt, die so dicht aufeinander folgen, daß sie einem MHz-Raster entsprechen, sind mit der vorhandenen Röhre nicht zu erfassen.

Rauschen tritt etwa gleichmäßig im ganzen Frequenzbereich auf. Messungen ergaben ein Verhältnis vom Signalwert des Schwarzweißsprunges zum Effektivwert des Rauschens im Weiß von 1:35, was einem Störabstand von 31 dB entspricht.

Ferner ist zu beachten, daß sich bei Verwendung des zur Verfügung stehenden Objektivs von 35 mm Brennweite ein Signalabfall am Bildrand von 40% zeigte. Hierfür ist der Helligkeitsabfall bei der optischen Abbildung (s. Abschnitt 3.2.1) sowie die am Rande der Speicherplatte aus elektronenoptischen Gründen auftretende Verkleinerung des Bildsignals von ungefähr 10% verantwortlich. Für Leuchtdichtemessungen ergibt sich daraus die Vorschrift, daß man nur im mittleren Bereich des Bildes messen darf.

5.1.2 Signalpegel und Anpassung im Bildsignalkanal

Am Ausgang des Betriebsgeräts liegt ein vollständiges Fernsehsignal mit einer Schwankungsbreite von 1,4 V an 75 Ω vor, das neben dem Bildsignal auch alle notwendigen Steuersignale für den Empfänger enthält und diesem über ein 75-Ω-Kabel zugeführt wird. Beim Zwischenschalten des Amplitudenbandpasses ist darauf zu achten, daß die Steuersignale unbeeinflußt bleiben. Eine geringfügige Änderung des Empfängereingangs (Abb. 8a und b) gestattet es, die Anlage unter Verwendung der für andere Zwecke vorhandenen Hilfseingänge für Zusatzgeräte wahlweise mit und ohne Amplitudenbandpaß zu verwenden. Der Amplitudenbandpaß wird in den Bildkanal zwischen die Buchsen T12 und T13 geschaltet. Will man die Anlage ohne Amplitudenbandpaß betreiben, so sind T12 und T13 unmittelbar miteinander zu verbinden.

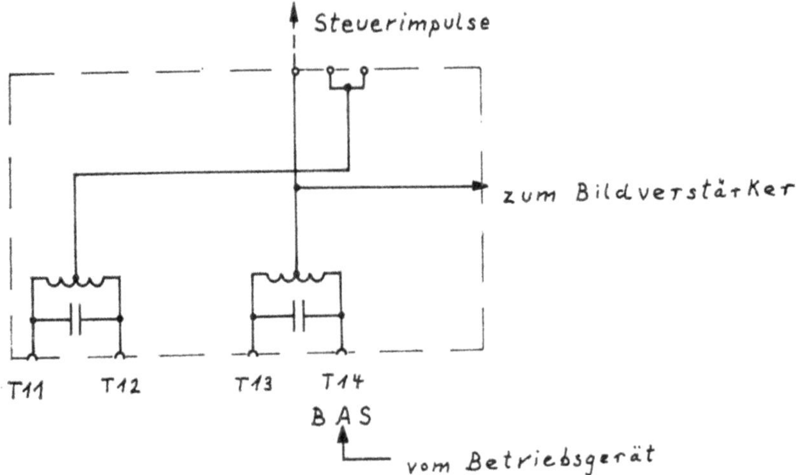

Abb. 8a Ursprünglicher Empfängereingang

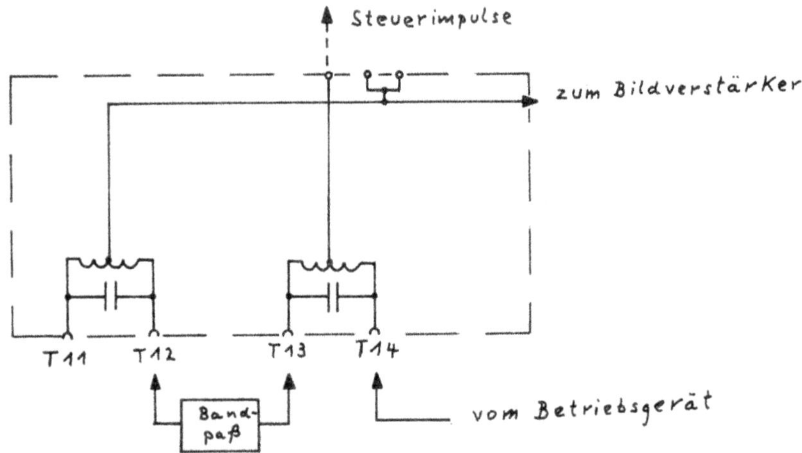

Abb. 8b Geänderter Empfängereingang

5.2 Entwurf und Bau des Amplitudenbandpasses

5.2.1 Auswahl der aktiven Bauelemente

Zunächst war zu entscheiden, ob als aktive Bauelemente Röhren oder Transistoren verwendet werden sollen. Die Fernsehanlage ist mit Röhren bestückt und kann im Betriebsgerät alle erforderlichen Spannungen für Röhren bereitstellen. Es lag deshalb nahe, auch den Amplitudenbandpaß mit Röhren aufzubauen. Verwendet man hierzu Röhren vom gleichen Typ wie in der Fernsehanlage, so werden außerdem alle Schwierigkeiten, die sich bei der Widerstandsanpassung der einzelnen Stufen aneinander ergeben könnten, vermieden. Im Verlauf der Untersuchungen wurde auch ein Amplitudenbandpaß mit Transistoren und eigenem Stromversorgungsgerät gebaut und erprobt. Dabei zeigte sich aber, daß mit Röhren bei gleichem Aufwand bessere Ergebnisse zu erzielen waren. Aus diesem Grund fanden bei der endgültigen Ausführung des Amplitudenbandpasses Röhren den Vorzug.

5.2.2 Schmitt-Trigger

Um die erforderliche hohe Röhrensteilheit und den niedrigen Innenwiderstand zu verwirklichen, wurden die Trigger mit den auch in der Anlage sonst verwendeten Röhren E 88 CC aufgebaut, deren beide Triodensysteme jeweils parallel geschaltet wurden. Von Nachteil ist hierbei, daß auf diese Weise die schädlichen Röhrenkapazitäten etwa verdoppelt werden. Entzerrungsinduktivitäten in den Anodenkreisen könnten die Kapazitäten teilweise kompensieren, haben sich aber in diesem Falle nicht bewährt, weil sie die maximale Schaltfrequenz herabsetzen.

Die Trigger sind so gebaut, daß im Ruhezustand die ersten Röhren geöffnet sind (Gittervorspannung 0), die zweiten gesperrt sind. Es ist auch der umgekehrte Zustand als Ruhezustand denkbar, aber mit dem Nachteil einer stärkeren Gittergleichrichtung an der ersten Röhre. Die Gittervorspannung für die Gitter der ersten Röhre wird an einem Spannungsteiler an der Batteriespannung U_B gewonnen und an einem Potentiometer so eingestellt, daß der Trigger bei einem Eingangssignal vorgegebener Größe, entsprechend einer bestimmten Objektleuchtdichte, seinen Schaltzustand wechselt. Vor dem Gitter liegt ein Widerstand von 220 Ω, der unerwünschte Kopplungen, die zum Schwingen führen könnten, unterbindet.

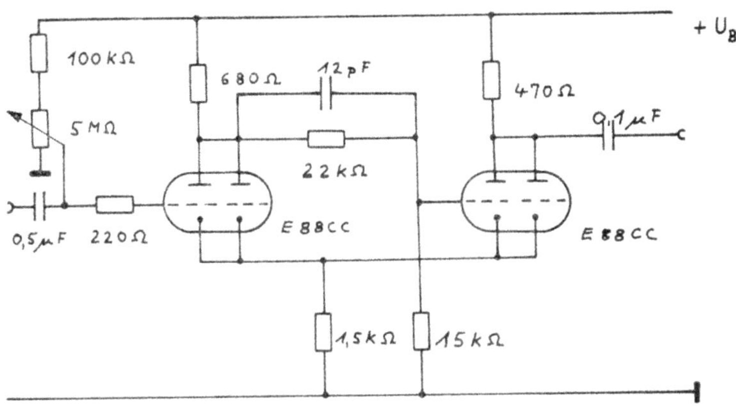

Abb. 9

An dem fertigen Trigger wurden folgende Spannungen gemessen:

Batteriespannung	U_B =	100 V
Kathodenspannung		40 V
Hysteresespannung	U_H =	1,2 V
Anodenspannung an der 2. Röhre (Ausgangsspannung)	—	12,7 V

Die Schmitt-Trigger arbeiten bis zu Frequenzen von über 3 MHz einwandfrei; dies erscheint als ausreichend, weil die Aufnahmeröhre keine Signale höherer Frequenz liefert. Sollten bei späterer Verwendung einer anderen Röhre solche hochfrequenten Signale auftreten, so könnte die Schaltfrequenz der Trigger durch Verwendung von Pentoden an Stelle der Trioden erhöht werden.

Die Hysteresespannung beträgt fast 10% der Ausgangsspannung. Sie muß so groß sein, wenn die Trigger sicher schalten sollen, das heißt wenn sie eine kleine Umklappzeit und damit eine hohe Schaltfrequenz haben sollen.

5.2.3 Vorzeichenumkehrstufe

Die Vorzeichenumkehrstufe 4 soll das Vorzeichen des vom Trigger 3 gelieferten Impulses von —12,7 V umkehren, ohne den Betrag der Spannung zu ändern. Mit folgender Schaltung eines Systems einer Doppeltriode E 88 CC erzielt man das gewünschte Ergebnis in einem ausreichend großen Frequenzbereich.

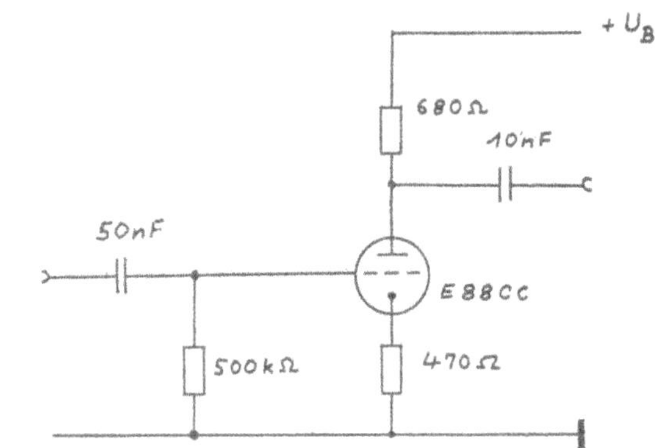

Abb. 10

5.2.4 Antikoinzidenzstufe

Die Trigger liefern negative Spannungsimpulse von etwa —13 V, der Ausgangsimpuls des Triggers 3 wird in der Vorzeichenumkehrstufe 4 in einen positiven Impuls umgewandelt. Die beiden Impulse laufen in der Antikoinzidenzstufe zusammen, wo sie jeweils ein System einer Doppeltriode steuern. Wenn der negative Ausgangsimpuls des ersten Triggers das stromführende Triodensystem sperrt, soll ein positives Ausgangssignal von 10 V am gemeinsamen Anodenwiderstand der Antikoinzidenzstufe erscheinen. Dieses wird beim Kippen des zweiten Triggers durch Öffnen des gesperrten Triodensystems kompensiert.

Die genannten Spannungen bestimmen die Bemessung der Antikoinzidenzstufe, die in ihren Einzelheiten in jedem der beiden Triodensysteme aufgebaut ist wie normale Verstärker.

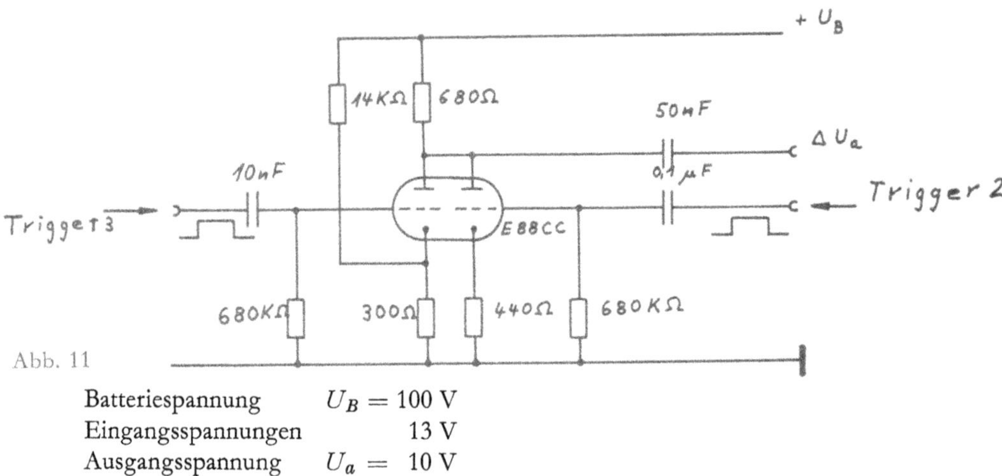

Abb. 11

Batteriespannung	$U_B = 100$ V
Eingangsspannungen	13 V
Ausgangsspannung	$U_a = 10$ V

Die Antikoinzidenzstufe arbeitet zufriedenstellend, auch bei hohen Frequenzen, so daß sie den durch die Schmitt-Trigger vorgegebenen Arbeitsbereich nicht weiter einschränkt.

5.2.5 Erprobung des gesamten Amplitudenbandpasses

Abb. 12 zeigt das ausführliche Schaltbild aller zum Amplitudenbandpaß zusammengeschalteten Stufen. Die Nummern der einzelnen Stufen stimmen mit denen des Blockschaltbildes (Abb. 1) überein. Davon sind bisher die Verstärkerstufen 7, 8 und 9 noch nicht besprochen worden.

Bei 7 handelt es sich um einen Breitbandverstärker, der das Ausgangssignal des Betriebsgeräts in Höhe von 1,4 V auf 23 V verstärkt. Für diesen Zweck sind Bildverstärker geeignet, wie sie in Fernsehempfängern verwendet werden; die Schaltung eines solchen Verstärkers wurde übernommen.

Die Verstärkerstufe 8 ist ein Kathodenfolger. Er sorgt dafür, daß die Stufe 7 von den Schmitt-Triggern nicht zu stark kapazitiv belastet wird. Außerdem bietet sie die Möglichkeit, ihre Ausgangsspannung im Bereich von etwa 10 V bis 16 V auf die Trigger abzustimmen.

Die Verstärkerstufe 9 ist gleichfalls ein Kathodenfolger. Sie hat die Aufgabe, das Ausgangssignal von 13 V der Antikoinzidenzstufe auf 1,4 V an 75 Ω anzupassen, damit es über ein 75-Ω-Kabel zur Bildwiedergaberöhre geführt werden kann. Wegen des erforderlichen niedrigen Röhreninnenwiderstandes wird wieder eine Röhre E 88 CC mit parallel geschalteten Triodensystemen verwendet (Röhre 9 in Abb. 12).

Einzelheiten dieser Verstärkerstufen brauchen hier nicht erwähnt zu werden, da sie nach allgemein bekannten Gesichtspunkten [16] ausgelegt sind.

Das gleiche gilt für den Netzteil, der zur Erprobung des Amplitudenbandpasses außerhalb der Fernsehanlage benutzt wird. Er liefert folgende Spannungen und Ströme zum Betrieb des Gerätes:

$U = 100$ V bei $I = 80$ mA; stabilisierte Gleichspannung für den Amplitudenbandpaß.

$U = 200$ V bei $I = 110$ mA; stabilisierte Gleichspannung für den Breitbandverstärker und die Kathodenfolger.

6,3 V bei 5 A; nicht stabilisierte Wechselspannung für die Heizung der Röhren.

Die Schalter S_1 und S_2 ermöglichen es, die Anodenspannungen erst nach Vorheizen der Röhren anzulegen.

Zur Erprobung des Amplitudenbandpasses wurde auf seinen Eingang ein sinusförmiges Signal gegeben. Seine Amplitude war konstant und größer als die größte Ansprechspannung der Schmitt-Trigger. Die Frequenz konnte im Bereich von 0,5 bis 5 MHz verändert werden.

Bei voneinander unabhängigem Einstellen der Ansprechspannungen U_2 und U_1 der Schmitt-Trigger zeigte sich, daß für ein ordnungsgemäßes Arbeiten des Amplitudenbandpasses (siehe Abb. 2) der Spannungsunterschied $\Delta U = U_2 - U_1$ bei hohem Pegel mindestens 6% $\left(\text{bezogen auf die mittlere Spannung } \frac{U_1 + U_2}{2}\right)$ und bei niedrigem Pegel mindestens 10% betragen mußte, wobei die Frequenz nicht über 3,5 MHz liegen durfte.

Ursache für die verhältnismäßig große Breite des Durchlaßbereiches ist in erster Linie die unvermeidliche Hysterese der Schmitt-Trigger. Durch Verfeinerung der Trigger-Schaltung und bei Verwendung von Präzisionsbauelementen sollte es möglich sein, die Bandbreite zu verkleinern und im ganzen Pegelbereich konstant zu halten. Entsprechendes gilt für die Erhöhung der Schaltfrequenz, die erforderlich wird, wenn Bildaufnahmeröhren mit größerem Auflösungsvermögen verwendet werden sollen.

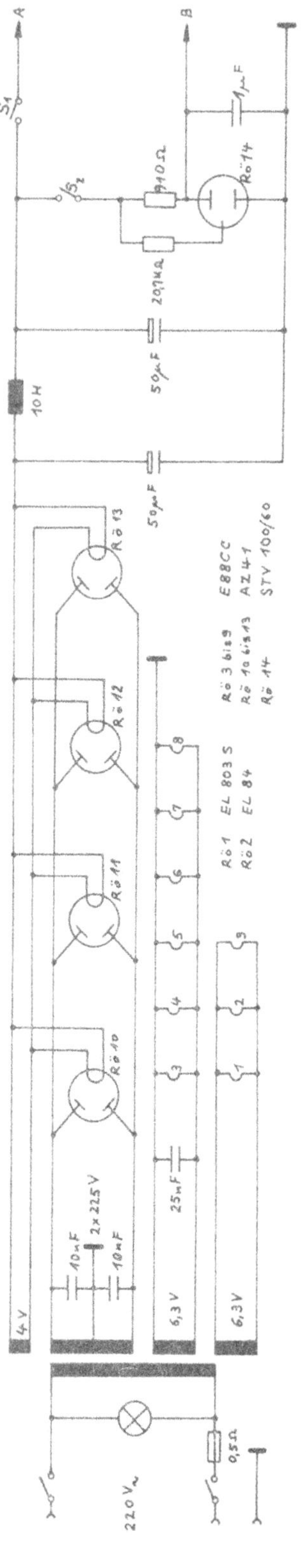

Abb. 12 Stromlaufplan des Amplitudenko

6. Erprobung der Gesamtanlage

6.1 Allgemeine Gesichtspunkte für die Erprobungsanordnung

Zur Ermittlung des Bereiches der Leuchtdichten, die von dem Zusatzgerät verarbeitet werden können, und zur Bestimmung der Anzeigegenauigkeit benötigt man Objekte mit bekannten Leuchtdichten.
Es wäre unzweckmäßig, hierzu Objekte zu verwenden, wie man sie in normalen Innenräumen oder auch im Freien vorfindet, denn es wäre nur schwer möglich, an solchen Objekten für lange Zeit gleichbleibende Leuchtdichten zu verwirklichen.
Will man von störenden äußeren Einflüssen möglichst frei bleiben, dann muß man Flächen bekannt einstellbarer Leuchtdichte, sogenannte Leuchtdichte-Normale, verwenden und auf gleichbleibende Versuchsbedingungen achten.
Außer Normalen mit bekannten Leuchtdichten benötigt man einfache oder kompliziertere Leuchtdichtemuster, an denen gut definierte Leuchtdichtelinien gemessen werden können. Versuche an solchen Mustern müssen erweisen, ob diese Leuchtdichtelinien, die vorher mit herkömmlichen Leuchtdichtemessern punktweise zu ermitteln sind, auch richtig auf dem Bildschirm des Sichtgerätes aufgezeichnet werden. Abschließend ist noch durch Messungen an beliebigen Objekten die praktische Brauchbarkeit des Versuchsgerätes zu bestätigen.

6.2 Verwirklichung von Leuchtdichte-Normalen und Leuchtdichtemustern

Es liegt nahe, für die Kalibrierung der Gesamtanlage zur Leuchtdichtemessung ein Normal zu benutzen, wie es zu handelsüblichen Leuchtdichtemessern erhältlich ist. Ein Nachteil solcher Leuchtdichtenormale ist es aber, daß sie nicht auf genügend viele verschiedene Leuchtdichtewerte einzustellen sind. Geeigneter ist eine Anordnung mit zwei Ulbrichtschen Kugeln nach Abb. 13. Die erste dient zur gleichmäßigen Beleuchtung einer Plexiglasscheibe, welche in einer beiden Kugeln gemeinsamen Öffnung angebracht ist. Die zweite Kugel beleuchtet ebenfalls die Glasscheibe, dient aber in erster Linie dazu, der Fernsehkamera 3 ein gleichmäßig leuchtendes Umfeld für die Glasscheibe zu bieten [24].

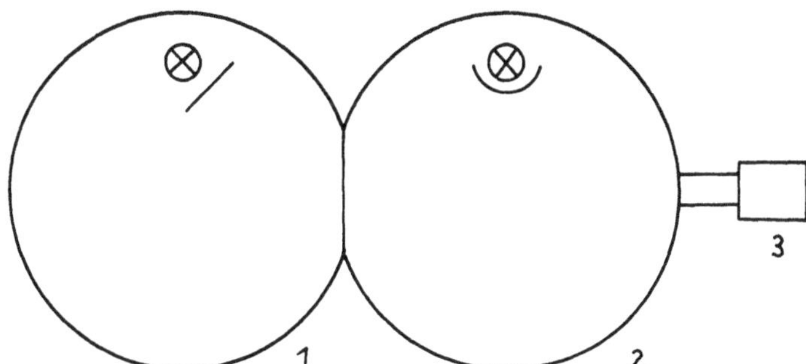

Abb. 13

Vom Ort der Kamera aus ist ein kreisförmiges Infeld zu sehen, umgeben von einem kreisringförmigen Umfeld; die beiden Flächen verhalten sich zueinander wie 1:40. Ihre Leuchtdichten sind jeweils zwischen 0,1 cd/m^2 und 30 cd/m^2 durch Verändern der Speisespannungen der Lampen in den Kugeln einstellbar.

Verschiedene ebene Leuchtdichtemuster kann man sich auch mit einem Lichtkasten verschaffen: eine Plexiglasscheibe wird von ihrer Rückseite mit Leuchtstofflampen regelbarer Helligkeit gleichmäßig ausgeleuchtet. Durch Anbringen von lichtschwächenden Folien zwischen den Lampen und der Platte erhält man beliebige von der Vorderseite her zu beobachtende Leuchtdichtemuster. Auf der Vorderseite der Glasplatte sind Leuchtdichten von 0 bis 3000 cd/m² zu erreichen.

6.3 Meßergebnisse

Die Gesamtanlage wurde mit Hilfe der Ulbrichtschen Kugeln kalibriert, indem dort verschiedene Leuchtdichten eingestellt, mit einem normalen, hochempfindlichen Leuchtdichtemesser bestimmt und anschließend mit der erweiterten Fernsehanlage beobachtet wurden. Die zum Auftreten und Verschwinden des Bildsignals (Hell- und Dunkelwerden des Bildschirms) erforderlichen Einstellungen der Potentiometer an den Schmitt-Triggern wurden mit den zugehörigen Leuchtdichtewerten beziffert.
Sodann war zu ermitteln, wie klein ein Kontrast sein darf, wenn er mit der Anlage noch zu erkennen sein soll, und welche Kontrastunterschiede noch getrennt wiedergegeben werden können (Auflösungsvermögen). Unter Kontrast wird hier wie üblich der auf die größere der beiden Leuchtdichten bezogene Unterschied der Leuchtdichten zweier aneinander grenzender leuchtender Flächen verstanden

$$K = \frac{L_2 - L_1}{L_2}$$

Es zeigte sich, daß ein Kontrast entsprechend der Durchlaßbreite des Amplitudenbandpasses (siehe Abschnitt 5.2.5) gleichfalls 6% betragen muß, wenn er nachweisbar sein soll, und daß sich Kontraste von mindestens 10% mit Sicherheit messen lassen. Den gleichen Wert müssen Kontrastunterschiede haben, damit entsprechende Leuchtdichtelinien getrennt wiedergegeben werden.
Bei voll aufgeblendetem Objektiv und ohne Lichtwertregler gelten diese Werte für einen Bereich der Objektleuchtdichten zwischen etwa 0,8 und 25 cd/m². Sind die Leuchtdichten zu klein, so wird das Bildsignal durch das Rauschen der Bildaufnahmeröhre und der Verstärker überdeckt, während zu große Leuchtdichten zu einer Übersteuerung der ersten Stufen im Bildverstärker führen. Wie im Abschnitt 3.3.3 erwähnt, kann durch Abblenden des Objektivs und durch Verwenden eines Lichtwertreglers der Arbeitsbereich des Geräts nahezu beliebig nach oben verlegt werden.
Die Untersuchung der Anlage wurde mit einem Lichtkasten fortgesetzt, an dem, wie in Abschnitt 6.2 gezeigt, verschiedene Helligkeitsmuster verwirklicht und zunächst punktweise ausgemessen wurden. Auf diese Weise können, wenn auch umständlich, Linien gleicher Leuchtdichte bestimmt werden: gemessene Punkte gleicher Leuchtdichte werden mit schwarzer Farbe auf der Abschlußscheibe des Lichtkastens markiert. Ihre (gedachte) Verbindungslinie stellt dann eine Leuchtdichtelinie dar.
Nach dieser punktweisen Messung und Markierung wird das Helligkeitsmuster mit der Anlage bei eingeschaltetem Amplitudenbandpaß aufgenommen. Auf dem Bildschirm erscheint ein heller, mehr oder weniger breiter Streifen, der die Linie gleicher Leuchtdichte darstellt und in dessen Mitte die oben erwähnten Markierungspunkte deutlich erkennbar sind, während die Bildfläche im übrigen dunkel bleibt.
Drei Beispiele sollen dies veranschaulichen.
Im ersten Beispiel (Abb. 14) wurde mit den Potentiometern der Schmitt-Trigger eine Durchlaßspannung entsprechend einer Objekthelligkeit von 10 cd/m² eingestellt.

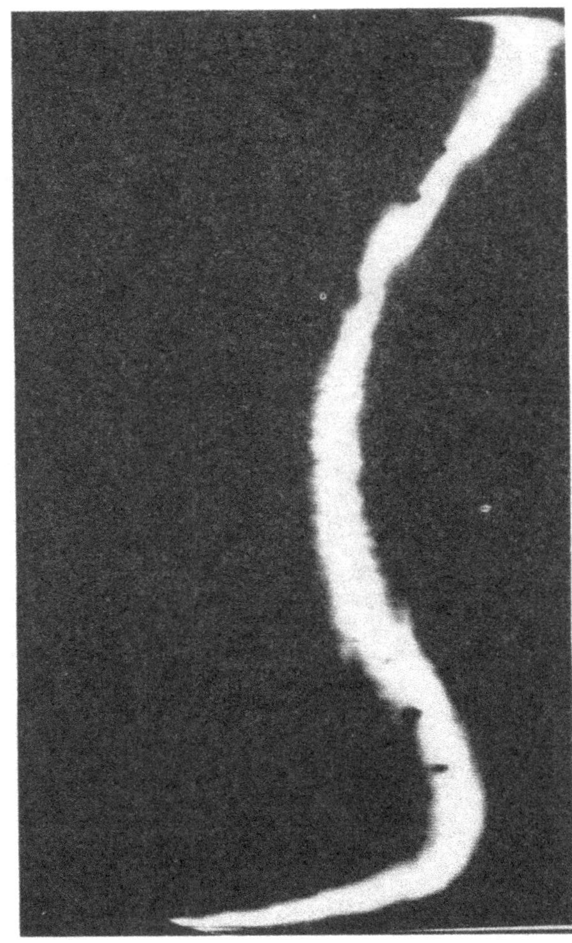

Abb. 14

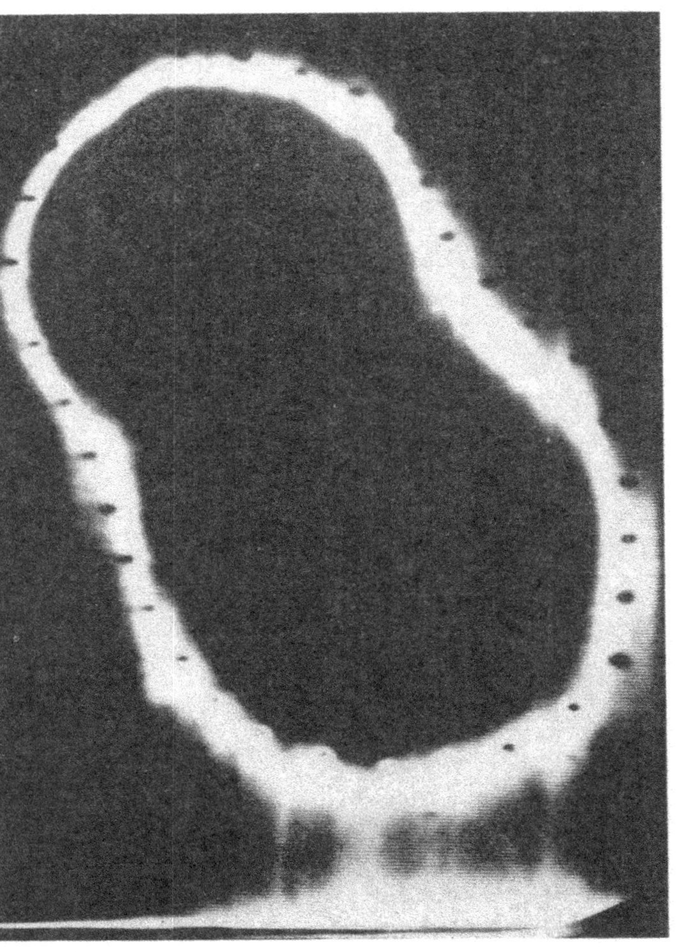

Abb. 15

Mit dem schon erwähnten Leuchtdichtemesser wurden für die Streifenmitte gleichfalls 10 cd/m² gemessen, links daneben 10,5 cd/m² und rechts daneben 9,2 cd/m². Diejenigen Punkte des Objekts, deren Leuchtdichte von der eingestellten um mehr als 6% abweicht, werden auf dem Bildschirm, wie zu erwarten, nicht mehr abgebildet. Es sei bemerkt, daß derart kleine Abweichungen am Objekt mit bloßem Auge nicht wahrzunehmen sind.

Ähnlich liegen die Verhältnisse beim nächsten Beispiel (Abb. 15). Hier ist eine in sich geschlossene Linie mit der Leuchtdichte 300 cd/m² unter Verwendung des Lichtwertreglers aufgezeichnet. Die Leuchtdichte im Innern der Linie ist etwa 7% höher, außerhalb ist sie 8% niedriger. Man beachte die deutlich sichtbaren Markierungspunkte, an denen vor der Markierung die genannte Leuchtdichte von 300 cd/m² gemessen worden war.

In der gleichen Größenordnung liegen die Leuchtdichteverhältnisse im letzten Beispiel (Abb. 16). Die beiden in sich geschlossenen Linien haben eine Leuchtdichte von 1000 cd/m² und wurden wieder mit eingeschaltetem Lichtwertregler aufgenommen. Die Flächen innerhalb der Linien sind heller als die Linien selbst, die äußere Fläche ist dunkler.

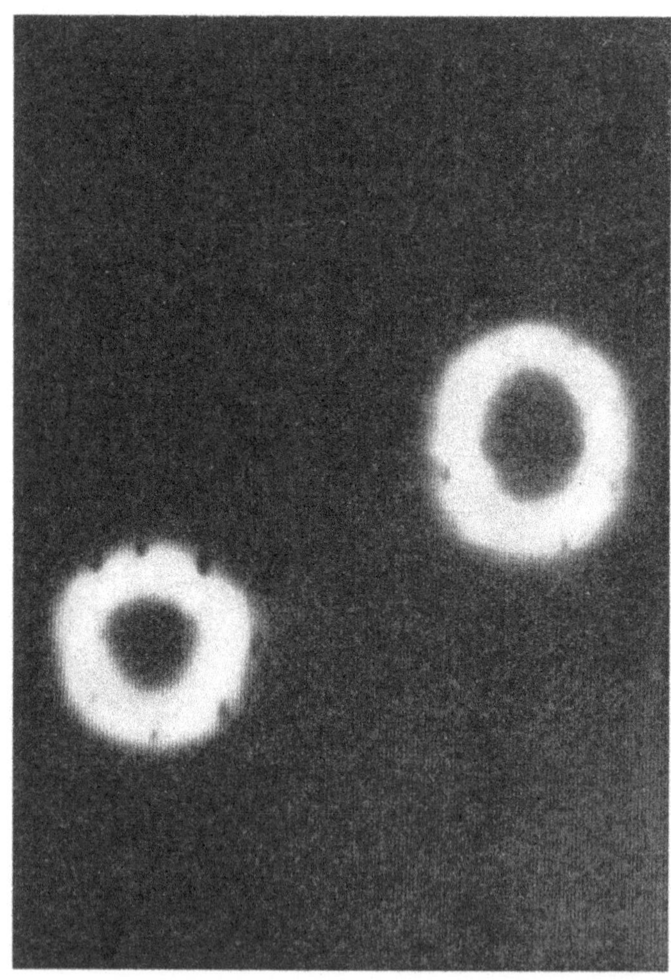

Abb. 16

Abschließend sei an einem Beispiel gezeigt, daß der vom Amplitudenbandpaß unterdrückte Bereich in weiten Grenzen veränderbar ist. Abb. 17 ist eine direkte photographische Aufnahme eines Meßgerätes. Dasselbe Gerät wurde unter gleichen Bedingungen mit der Anlage aufgenommen; dabei wurden am Bandpaß verhältnismäßig weit auseinanderliegende Kippspannungspegel für die Schmitt-Trigger eingestellt. Es entstand auf dem Bildschirm des Wiedergabegerätes die Abb. 18, auf der noch Einzelheiten des Meßgerätes zu erkennen sind, weil der abgebildete Leuchtdichtebereich entsprechend breit ist.
Wird der Leuchtdichtebereich soweit wie möglich eingeengt, dann erhält man Abb. 19, welche nun nicht mehr ganze Bereiche mit Leuchtdichten einer Größenordnung abbildet, sondern nur noch Gebiete mit einem entsprechend engen Leuchtdichtebereich, d. h. die gewünschten Leuchtdichtelinien.
Bei der Aufnahme der Abb. 14–16 wurden die genannten Leuchtdichten am Bandpaß eingestellt und abgelesen. Will man die eingestellte Leuchtdichte nicht nur an den Potentiometern der Schmitt-Trigger, sondern auch auf dem Bildschirm ablesen können, so muß man zusammen mit dem Objekt ein Gerät aufnehmen, das genügend viele bekannte Leuchtdichten in übersichtlicher Form aufweist (Leuchtdichtestufen-Normal).
Die Meßergebnisse bestätigen, daß die mit dem beschriebenen Zusatzgerät ausgerüstete Fernsehübertragungsanlage als Leuchtdichtemesser verwendbar ist. Sie zeigt dabei unmittelbar alle Flächenstücke an, deren Leuchtdichte in einen einstellbaren Bereich fällt. Dadurch wird der Arbeitsaufwand, der zur Ermittlung von Leuchtdichtelinien bisher erforderlich war, erheblich verringert. Mit der erstellten Versuchsanlage sind (in Verbindung mit einem Lichtwertregler) Leuchtdichten oberhalb der durch die Empfindlichkeit der Kamera nötigen Mindestleuchtdichte von 0,3 cd/m^2 meßbar. Dabei sind Leuchtdichteunterschiede von 10% sicher festzustellen, solche von 6% etwa in der Mitte des jeweiligen Meßbereichs.

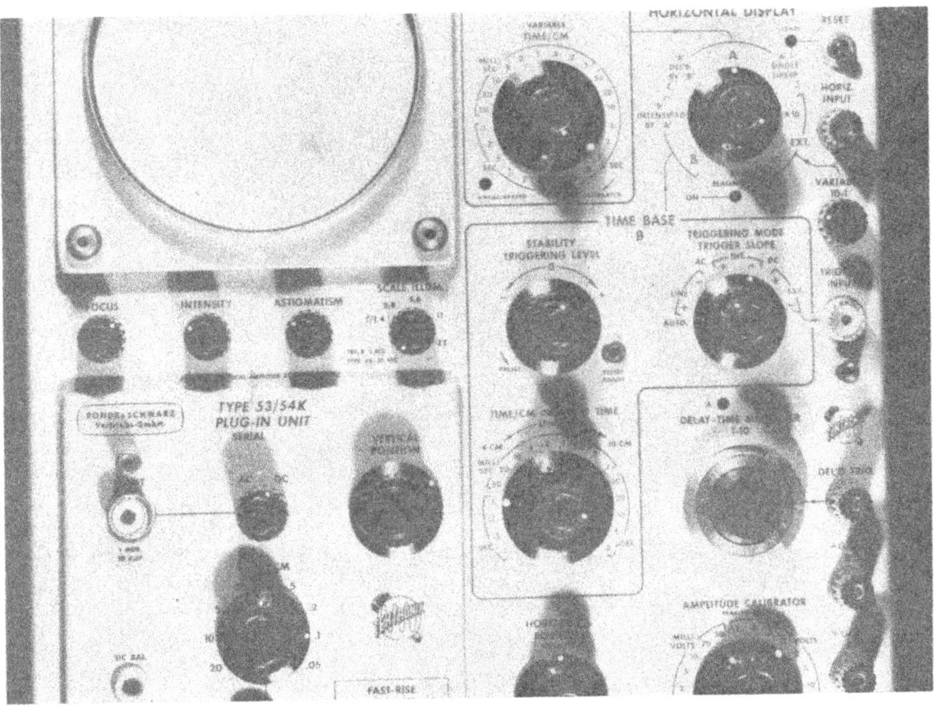

Abb. 17

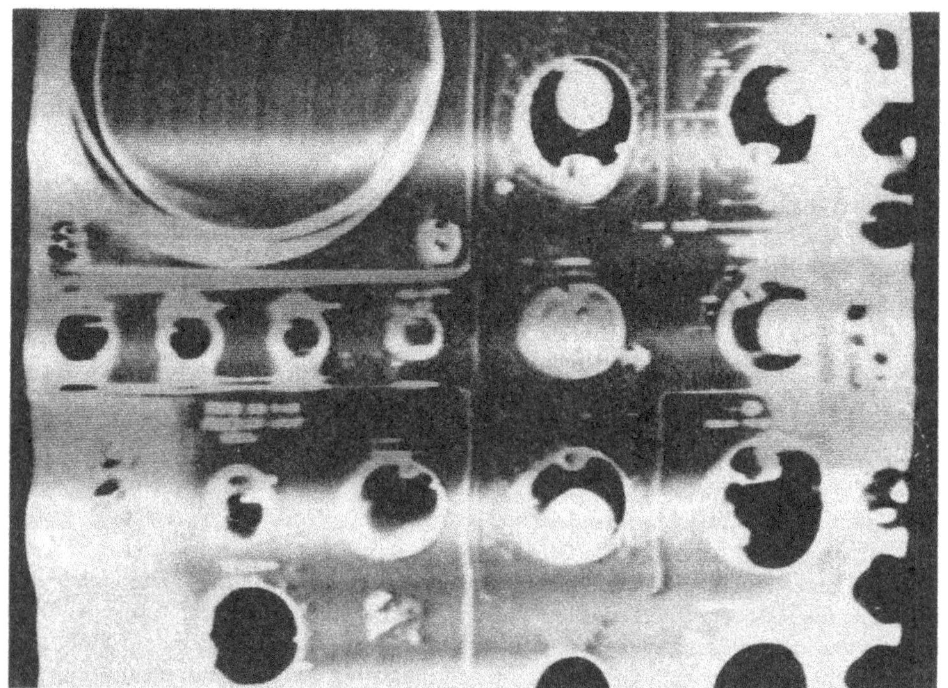

Abb. 18

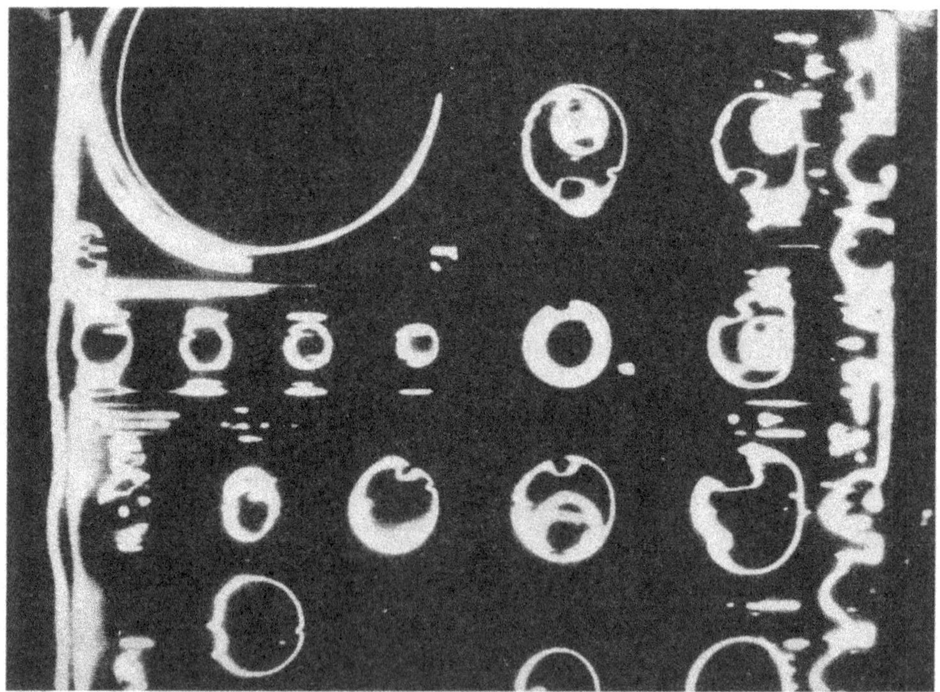

Abb. 19

7. Fehler und Auflösungsvermögen

7.1 Unsicherheit lichttechnischer Messungen

Während man bei allgemeinen technischen, insbesondere elektrischen Messungen die Meßunsicherheit in der Regel leicht kleiner als 1% halten kann, gibt man sich in der Lichtmeßtechnik meist schon zufrieden, wenn die Meßunsicherheit 5–10% nicht überschreitet. Dies hat seine Ursache in der Unsicherheit der lichttechnischen Meßverfahren an sich und der schwierigen Beherrschung der die Messung beeinflussenden Nebenumstände, und darin, daß die genannten Unsicherheiten für praktische Zwecke in den meisten Fällen ausreichen [25].

7.2 Fehler des Verfahrens

Die Fehler des Verfahrens werden, abgesehen von Fehlern der optischen Abbildung und der Abnahme der Beleuchtungsstärke am Rand des optischen Bildes auf der Photokathode, verursacht durch

a) Unvollkommenheiten, insbesondere Nichtlinearität der Bildaufnahmeröhre,
b) Unvollkommenheiten und Nichtlinearitäten im Übertragungskanal des Bildsignals einschließlich der Verstärker,
c) Unvollkommenheit des Amplitudenbandpasses.

Diese Unvollkommenheiten sind vor allem durch die Temperaturabhängigkeit und die kurz- und langzeitlichen Änderungen der Eigenschaften der Bauelemente bedingt.
Verzichtet man darauf, das Gerät ein für allemal zu kalibrieren, d. h. die Einstellskalen für die Grenzleuchtdichten mit Leuchtdichtewerten zu beziffern, und nimmt man bei jeder Messung zugleich ein Leuchtdichtestufen-Normal auf, so spielen die genannten Fehler keine Rolle mehr, da auf diese Weise in jedem Augenblick sozusagen selbsttätig kalibriert wird. Die Meßunsicherheit entspricht dann der Unsicherheit, mit der die Leuchtdichten des Normals bekannt sind.

7.3 Auflösungsvermögen

Das begrenzte Auflösungsvermögen des Verfahrens äußert sich darin, daß an Stelle von Leuchtdichte-»Linien« Bänder wiedergegeben werden, die den Stellen des Objekts entsprechen, deren Leuchtdichte zwischen zwei mehr oder weniger eng benachbarten Grenzwerten liegt. Der Mindestabstand dieser Grenzen wird bestimmt durch den nach oben begrenzten Frequenzbereich der Aufnahmebildröhre, die obere Grenzfrequenz des Übergangskanals einschließlich der Verstärker und besonders durch die Hysterese der Schmitt-Trigger des Amplitudenbandpasses.
Am Versuchsgerät wurde wie erwähnt ein Auflösungsvermögen entsprechend einem Abstand der Grenzen von 10% festgestellt. Verantwortlich für diesen verhältnismäßig großen Wert ist in erster Linie die recht niedrige Grenzfrequenz der verwendeten Bildaufnahmeröhre.
Bei Wahl einer Bildaufnahmeröhre mit höherer Signalgrenzfrequenz, die dann freilich unempfindlich wäre, und Bemessung des Übertragungskanals einschließlich der Verstärker für eine entsprechend höhere Grenzfrequenz, wäre es möglich, den Abstand der Leuchtdichtegrenzen auf etwa die Hälfte zu verkleinern. Außerdem müßte es gelingen,

durch Verfeinern der Schaltung der Schmitt-Trigger die Hysterese herabzusetzen und die Stabilität zu vergrößern, was bei einigem Aufwand durchaus im Bereich des Möglichen liegt. Damit würde das Auflösungsvermögen der bei technischen Lichtmessungen zulässigen Unsicherheit von 5% entsprechen.

8. Möglichkeit der Anwendung einer Fernsehanlage zur Bestimmung von Leuchtdichtegradienten

Der Begriff Leuchtdichtegradient entspricht dem allgemeinen Begriff des Gradienten eines skalaren Feldes. Man versteht darunter den größten, auf den Abstand zweier beliebig nahe benachbarter Punkte der Oberfläche bezogenen Unterschied der Leuchtdichten dieser Punkte.

8.1 Zweck der Bestimmung von Leuchtdichtegradienten

In der Einleitung wurde schon darauf hingewiesen, daß man heute bei der Beurteilung von Beleuchtungsanlagen immer mehr die Leuchtdichte und ihre Verteilung berücksichtigt. Neuere Untersuchungen [20] weisen dabei auf die große Bedeutung der Leuchtdichteänderungen zwischen zwei Punkten, d. h. der Leuchtdichtegradienten hin.
So wird z. B. behauptet [26], daß für die Gleichmäßigkeit des Helligkeitseindrucks einer Straßendecke weniger der Unterschied zwischen Größtwert und Kleinstwert maßgebend ist, als vielmehr die Gleichmäßigkeit der Leuchtdichteübergänge, d. h. der größte auf der Straßenoberfläche beobachtete Leuchtdichtegradient. Andererseits wird ein Hindernis auf der Fahrbahn um so sicherer erkannt, je besser es sich vom Unter- oder Hintergrund abhebt, wofür neben dem Leuchtdichteunterschied auch der Leuchtdichtegradient (insbesondere bei kleinen Leuchtdichteunterschieden) ein wesentliches Kriterium zu sein scheint. In beiden Fällen ist es also wichtig, den Leuchtdichtegradienten zu kennen.
Von Interesse kann auch der größte Leuchtdichtegradient im Blickfeld sein. Er ist möglicherweise für das Auftreten von Unbehaglichkeitsblendung mitverantwortlich. Bisher ist kein Gerät bekannt, welches den Leuchtdichtegradienten unmittelbar zu messen gestattet; man muß sich noch mit einer umständlichen punktweisen Bestimmung durch Messung benachbarter Leuchtdichten begnügen. Noch günstiger wäre, wenn ein Gerät zur Verfügung stünde, mit dem man Linien gleicher Leuchtdichtegradienten (Leuchtdichtegradienten-Linien) unmittelbar aufnehmen könnte.

8.2 Verwirklichungsmöglichkeit

Das Bild auf dem Sichtgerät einer Fernsehanlage gibt innerhalb der im Abschnitt 3 aufgezeigten Grenzen die Leuchtdichteverteilung auf dem Objekt wieder. Im Bildsignal ist also auch die Information enthalten, die den Leuchtdichtegradienten zu bestimmen gestattet, allerdings nicht räumlich nebeneinander, sondern zeitlich nacheinander. Will man also die Leuchtdichteänderung von einem Raumpunkt zum anderen ermitteln, so kann man statt dessen die Bildsignaländerung von einem Zeitpunkt zum anderen messen. Dies bedeutet, daß man das Bildsignal an einer Stelle im Übergangsweg nach der Zeit zu differenzieren hat.

Den größten Leuchtdichtegradienten im Gesichtsfeld braucht man nicht mühsam zu suchen, sondern man kann ihn mit einem Scheitelwertmesser bestimmen, wenn man dem Elektronenstrahl in der Aufnahmeröhre wenigstens soviel Zeit läßt, daß er das ganze Ladungsbild einmal abtasten kann (1/25 s). Dann kennt man den größten Leuchtdichtegradienten, weiß aber noch nicht, an welcher Stelle im Bild er auftritt. Die gesuchte Stelle ist mit einem Kathodenstrahloszillographen zu finden, der einzelne Zeilen aus dem Bild auszuwählen und die darin vorkommenden Gradienten festzustellen gestattet. Noch bequemer ist der gesuchte Punkt zu finden, wenn man eine Fernsehanlage mit Amplitudenbandpaß verwendet: die Meßanordnung ist die gleiche wie in Abb. 1 mit der einzigen Änderung, daß zwischen Kamera 1 und Verstärkerstufe 7 ein Differenzierglied geschaltet wird. Dann werden Leuchtdichtegradientenlinien auf dem Bildschirm des Sichtgerätes abgebildet. Durch Verstellen der Kippeinsatzspannungen an den Schmitt-Triggern, von niedrigen zu hohen Spannungen fortschreitend, könnte man Ort und Wert des größten Leuchtdichtegradienten im Bildfeld ermitteln.

8.2.1 Differenzieren des Bildsignals

Am einfachsten kann man das Bildsignal differenzieren, indem man es durch ein RC-Glied leitet. Dieses Verfahren ist aber mit großen Fehlern behaftet, die nach Betrag und Phase von der Signalfrequenz abhängen. Bei höheren Ansprüchen an die Genauigkeit ist größerer Aufwand nötig [27], [28]. Im Handel sind Differenziergeräte erhältlich, wie sie für Analogrechner gebraucht werden. Sie arbeiten in dem für diesen Zweck erforderlichen Frequenzbereich von 20 kHz bis 1,5 MHz verhältnismäßig genau.

8.2.2 Schwierigkeiten beim elektronischen Differenzieren

Das dem Bildsignal überlagerte Rauschen, dessen Effektivwert von dem des Signals bei der zur Verfügung stehenden Anlage einen Störabstand von nur 31 dB hat, beeinträchtigt die Differentiation entscheidend. Im Rauschen kommen nämlich auch hohe Frequenzen vor, die einen besonders großen zeitlichen Differentialquotienten ergeben, der das Verhältnis der Nutzspannung zur Störspannung im differenzierten Bildsignal gegenüber dem Störabstand vor der Differentiation erheblich herabsetzt. Der Störabstand läßt sich durch Verkleinern der Bandbreite des Differenziergerätes verbessern. Dann können allerdings die meistens interessierenden steilen Leuchtdichteübergänge nicht mehr erfaßt werden.

8.3 Versuchsanordnung

Zunächst wurde eine Anordnung aufgebaut, mit der man den Verlauf des Leuchtdichtegradienten in einer Zeile des Fernsehbildes bestimmen kann (Abb. 20). Auf die Fernsehkamera mit Betriebs- und Bediengerät folgt die Differenziereinrichtung. Sie besteht aus einem Kathodenstrahloszillographen mit einem Differenziereinschub. Eine beliebige Zeile wird aus dem Fernsehbild ausgewählt und nach der Zeit differenziert; der Verlauf des differenzierten Bildsignals erscheint auf dem Bildschirm des Oszillographen. Je größer der Leuchtdichtegradient ist, um so stärker wird der Elektronenstrahl von der Null-Linie des Bildschirms abgelenkt, so daß der Leuchtdichtegradient aus der Größe der Ablenkung sofort zu ersehen ist.
Zur Aufzeichnung von Leuchtdichtegradienten-Linien wurde versucht, diese Anordnung zu erweitern, indem einfach der Amplitudenbandpaß und der Empfänger der Fernsehanlage an den Differenziereinschub des Oszillographen angeschlossen wurden.

Der Amplitudenbandpaß gibt nur bei bestimmten Werten des differenzierten Bildsignals ein Ausgangssignal ab, so daß auf dem Fernsehbildschirm Leuchtdichtegradienten-Linien aufgezeichnet werden sollten.

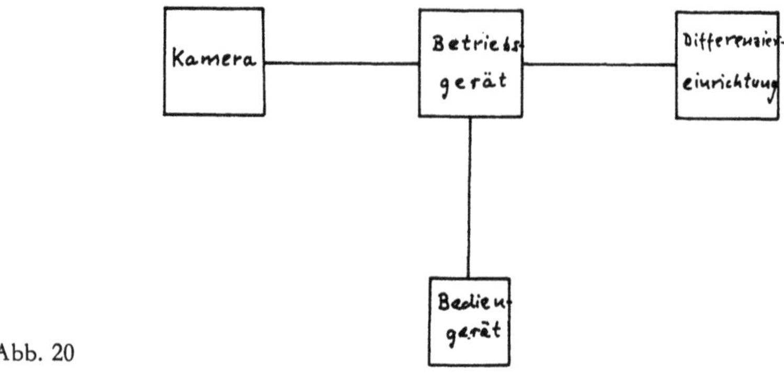

Abb. 20

8.4 Erprobung

8.4.1 Herstellung von Leuchtdichtemustern

Zur Erprobung der Anlage benötigt man Vorlagen mit bekannten Leuchtdichtegradienten, zum Beispiel lineare Graukeile; sie wurden auf photographischem Wege hergestellt. Ihre Leuchtdichte betrug am Anfang das 7,5-, 15-, 22,5- bzw. 30fache der Leuchtdichte am Ende des Keiles. Die Ausdehnung des Leuchtdichteverlaufs reichte vom scharfen Sprung bis zu einer Länge, die vom Objektiv der Kamera soeben noch erfaßt wurde, also dem vollen Bildwinkel von 50° entsprach. Dann wurden diese Vorlagen gemessen, wobei die Leuchtdichteunterschiede nicht auf eine Längeneinheit, sondern auf eine Winkeleinheit bezogen wurden, weil dies bei optischen Geräten sinnvoller ist.
Bei weiteren Versuchen wurden natürliche Objekte an Stelle der künstlichen Vorlagen aufgenommen. Um längere Zeit unter gleichen Verhältnissen arbeiten zu können, wurden in einzelnen Fällen Diapositive von diesen Objekten angefertigt und deren Projektionen untersucht.

8.4.2 Meßergebnisse

Es ergab sich, daß mit der vorhandenen Anlage nicht beliebig kleine oder große Gradienten zu messen waren. Die Leuchtdichteänderungen je Winkelgrad müssen mindestens die Hälfte und dürfen höchstens das 15fache ihres Bezugswertes betragen. Die einzelnen Meßergebnisse weichen bis zu höchstens 10% vom Mittelwert ab. Die Mittelwerte selbst stimmten mit den Ergebnissen überein, die mit einem normalen Leuchtdichtemesser gewonnen wurden.
Abb. 21 zeigt als Beispiel den tatsächlich vorhandenen Leuchtdichtegradienten in Abhängigkeit von der am Schirm des Kathodenstrahloszillographen beobachteten Strahlauslenkung.
Mit der in mancher Hinsicht noch unvollkommenen Versuchsanordnung waren keine brauchbaren Ergebnisse bei der Aufzeichnung von Leuchtdichtegradienten-Linien zu erzielen. Hauptursache hierfür war das starke, dem Bildsignal überlagerte Rauschen. Mit einer in dieser Hinsicht besseren Fernsehaufnahmeröhre dürften Leuchtdichtegradienten-Linien mit Fehlern von ungefähr 10% zu ermitteln sein. Gleichzeitig würden dadurch

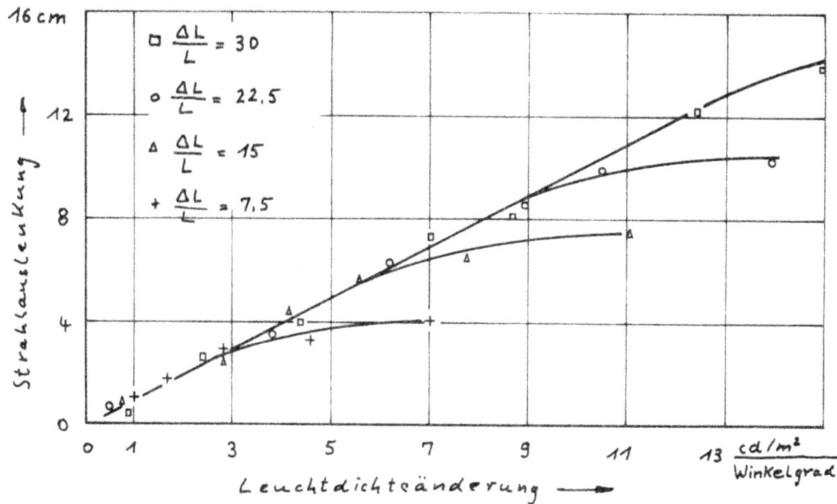

Abb. 21

Messungen von Leuchtdichtegradienten an einzelnen Stellen im Bildfeld bedeutend sicherer.

Der Frequenzgang der Differenziereinrichtung ist nicht linear, wie es wünschenswert ist, und zwar werden große Leuchtdichtegradienten unterbewertet, d. h. zu klein angezeigt.

Die beschriebene einfache Anordnung hat außerdem den Nachteil, daß man den oft interessierenden größten Leuchtdichtegradienten im Gesichtsfeld durch Überprüfen aller Zeilen des Fernsehbildes suchen muß. Hier brächte ein anzeigendes Meßgerät Erleichterung, das den während der für die Übertragung eines ganzen Bildes benötigten Zeitspanne auftretenden Spitzenwert des differenzierten Bildsignals anzeigen müßte.

Besonders zu beachten ist, daß man mit dem vorgeschlagenen Verfahren nur Gradienten in Zeilenrichtung messen kann. Auch solche aller anderen Richtungen sind aber ebenso wichtig. Um jede Richtung erfassen zu können, müßte man entweder vor die Kamera einen optischen Bildwender aus Spiegeln oder Prismen setzen oder die Ablenkspulen um die Aufnahmeröhre schwenken. Die Bildröhre und damit die Kamera selbst darf nur wenig geschwenkt werden, weil sie sonst durch Verlagerung des Getters Schaden erleiden könnte. Eine für die praktische Anwendung nützliche Verbesserung würde darin bestehen, die Fernsehanlage mit einer sogenannten »Belichtungsautomatik« zu versehen wie bei Filmaufnahmegeräten üblich. Die Aufnahmeröhre würde dann immer im linearen Teil ihrer Gradationskennlinie betrieben, ohne daß Objektivblende, Lichtwertregler und Strahlstrom von Hand nachgestellt werden müßten.

9. Zusammenfassung

Es wird gezeigt, wie eine kommerzielle Fernsehübertragungsanlage mit Hilfe eines Zusatzgerätes zur Aufnahme von Linien gleicher Leuchtdichte verwendet werden kann. Dieses in den Bildsignalübertragungskanal einzuschaltende Zusatzgerät hat die Aufgabe, nur Signale in einem schmalen Amplitudenbereich, dessen Mitte einstellbar ist,

durchzulassen und Signale mit anderen Amplituden zu unterdrücken (Amplitudenbandpaß). Die Anforderungen an einen solchen Amplitudenbandpaß werden erörtert, Verwirklichungsmöglichkeiten besprochen und die mit einem Versuchsmuster eines solchen Amplitudenbandpasses erzielten Ergebnisse wiedergegeben.
Ergänzend wird gezeigt, wie mit Hilfe eines weiteren Zusatzgerätes Leuchtdichtegradienten und Linien gleicher Leuchtdichtegradienten mit einer Fernsehanlage bestimmt werden können.

10. Anhang: Der Zusammenhang zwischen Bildhelligkeit und Objektleuchtdichte

Bei Fernsehaufnahmeröhren ist die Beleuchtungsstärke am Ort der Photokathode für die Entstehung des Fernsehbildes maßgebend. Diese Beleuchtungsstärke ist verhältnisgleich zur Leuchtdichte des aufgenommenen Objektes. Zum Beweis dieses Zusammenhanges werde folgende Abbildung betrachtet:

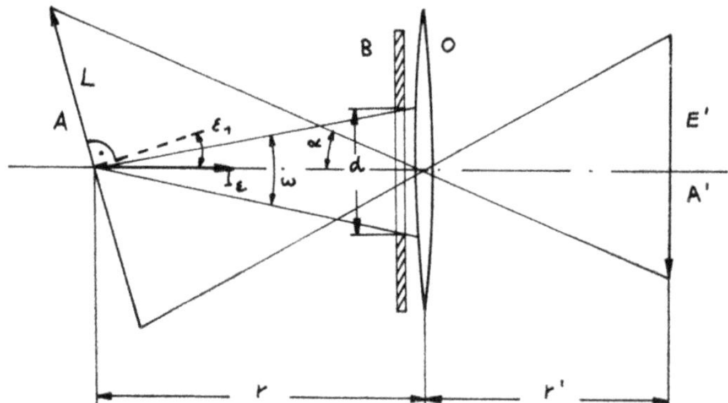

Abb. 22

Der aufzunehmende Gegenstand sei die Fläche A in allgemeiner Lage, die die Leuchtdichte L besitzt. In der Aufnahmeentfernung r befindet sich das Objektiv O der Fernsehaufnahmekamera, das nur durch eine Linse O und eine Blende B mit dem Durchmesser d angedeutet ist. In der Entfernung r' hinter dem Objektiv befindet sich die Photokathode der Kamera, auf der das Bild A' des Aufnahmegegenstandes abgebildet wird.
Für achsennahe Strahlen gilt nun folgende Überlegung:
Vom Objekt gelangt der Lichtstrom Φ durch Blende und Objektiv, wo er um Reflexions- und Absorptionsverluste geschwächt wird. Der verbleibende Lichtstrom Φ' erzeugt auf der Photokathode die Beleuchtungsstärke E'. Es gilt:

$$E' = \frac{\Phi'}{A'} \tag{1}$$

mit $\Phi' = \tau \cdot \Phi$. Dabei ist τ der Transmissionsgrad des Objektivs. Der Lichtstrom Φ wird nach den Grundgleichungen der Lichttechnik berechnet.

$$I = \frac{d\Phi}{d\omega} \tag{2}$$

$$L = \frac{dI_\varepsilon}{dA \cdot \cos\varepsilon} \tag{3}$$

I ist allgemein eine Lichtstärke, I_ε die Lichtstärke in der Richtung, die um den Winkel ε von der Normalen der strahlenden Fläche abweicht. $d\omega$ bedeutet ein Raumwinkelelement.

Wenn die Fläche A überall gleich hell ist, d. h. wenn $L =$ const. ist, vereinfachen sich die Gleichungen zu

$$\Phi = I \cdot \omega = L \cdot A \cos\varepsilon \cdot \omega \tag{4}$$

ω ist der Raumwinkel, unter dem das Objektiv der Fernsehkamera von einem Punkt der Fläche A aus erscheint.

$$\omega = \frac{A_B}{r^2} \tag{5}$$

mit dem Blendenquerschnitt $A_B = \frac{\pi}{4} d^2$.

Durch Einsetzen der Gleichungen (2) bis (5) in (1) erhält man

$$E' = L \cdot \frac{\pi}{4} \cdot \tau \cdot d^2 \cdot \frac{1}{A'} \frac{A \cos\varepsilon}{r^2} \tag{6}$$

Führt man noch das Abbildungsgesetz

$$\frac{A \cos\varepsilon}{r^2} = \frac{A'}{r'^2} \tag{7}$$

und die Linsenformel

$$\frac{1}{r} + \frac{1}{r'} = \frac{1}{f} \tag{8}$$

ein, so erhält man:

$$E' = L \cdot \frac{\pi}{4} \tau d^2 \left(\frac{1}{f} - \frac{1}{r}\right)^2 \tag{9}$$

In Gleichung (9) bedeuten der Faktor $\frac{\pi}{4} \tau$ eine durch das Objektiv gegebene Konstante und $d^2 \left(\frac{1}{f} - \frac{1}{r}\right)^2$ eine Größe, die bei fest eingestellter Blende ($d =$ const) und für eine bestimmte Gegenstandsweite r ebenfalls eine Konstante ist. Unter den getroffenen Voraussetzungen ist also

$$E' = L \cdot \frac{\pi}{4} \cdot \tau \cdot k^2 \tag{10}$$

Also ist die Beleuchtungsstärke auf der Photokathode und damit der Strahlstrom der Fernsehaufnahmeröhre proportional der Leuchtdichte des Aufnahmeobjekts.

Dies gilt allerdings voraussetzungsgemäß nur für achsennahe Strahlen. Für achsenferne Strahlen muß man berücksichtigen, daß in Wirklichkeit die Beleuchtungsstärke auf der Photokathode zum Bildrand hin gegenüber der Bildmitte abnimmt. Eine genauere Rechnung ergibt, daß diese Abnahme mit $\cos^4 \alpha$ erfolgt, wenn α der halbe Öffnungswinkel des Objektivs ist [5].

11. Literaturverzeichnis

[1] LAU, E. und W. KRUG, Die Äquidensitometrie, Akademieverlag, Berlin 1957.

[2] GREIF, H., Photographische Darstellung von Leuchtdichteverteilungen, Lichttechnik 13, Nr. 2, 1961, S. 53–55.

[3] GREIF, H., Die Erzeugung von Leuchtdichte-Niveaulinien in photographischen Aufnahmen, Wissenschaftliche Zeitschrift der Hochschule Ilmenau, Jahrgang 5, 1959, H. 213, S. 241–245.

[4] KRUG, W. und J. SCHUSTA, Elektronische Äquidensitenherstellung II, Optik 15, H. 9, 1958, S. 550–559.

[5] JOOS, G. und E. SCHOPPER, Grundriß der Photographie und ihrer Anwendungen, bes. in der Atomphysik.

[6] DILLENBURGER, W., Einführung in die Fernsehtechnik.

[7] DILLENBURGER, W., Fernsehmeßtechnik.

[8] MANN, Fernsehtechnik, Band I, Fachbuchverlag Leipzig 1957.

[9] MANN und FISCHER, Fernsehtechnik, Band II, Fachbuchverlag Leipzig.

[10] THEILE, R., Übertragungsfehler und Grenzen der Fernsehaufnahmetechnik, Elektrotechnische Zeitschrift A, 1960.

[11] ARP, F., Der Feinkontrast von Fernseh-Bildröhren, Rundfunktechnische Mitteilungen, 1959, Nr. 3, S. 105–113.

[12] BERTHOLD, W., Kontrastumfang von Fernsehbildern, SEG-Nachrichten, 1. Jahrgang 1953, Nr. 4, S. 43–47.

[13] GRABE, K., Wirkungsweise und Dimensionierung des Schmitt-Diskriminators, Radio Mentor 6, 1958, S. 382–387.

[14] GOSSLAU, K. und H. J. HARLOFF, Untersuchungen über das Gleichstrom- und Wechselstromverhalten von bistabilen Kippschaltungen, NTZ, Jahrgang 8, H. 10, 1955, S. 521 bis 530.

[15] PILOTY jun., R., Die Dimensionierung der Eccles-Jordan-Schaltung, A.E.Ü. 7, 1953, S. 537–545.

[16] KULP, M., Elektronenröhren und ihre Schaltungen, Vandenhoeck u. Ruprecht, 1963.

[17] ELMORE and SANDS, Electronics, McGraw-Hill Book Company, 1949, S. 227ff.

[18] MEINKE, H. und F. W. GUNDLACH, Taschenbuch der Hochfrequenztechnik, 2. Auflage 1962, Springer Verlag.

[19] SEWIG, R., Handbuch der Lichttechnik, I. Teil, J. Springer, Berlin 1938.

[20] THEILE und PILZ, Typische Übertragungseigenschaften der Superorthicon Kameraröhre, Rundfunktechnische Mitteilungen, 1957.

[21] THEILE, Die Superorthicon Kameraröhre, Elektronische Rundschau, 1956.

[22] PILZ, Prüf- und Meßverfahren für Superorthiconröhren, Rundfunktechnische Mitteilungen, 1957.

[23] THEILE, R. und F. PILZ, Übertragungsfehler der Superorthicon Kameraröhre, Archiv elektrischer Übertragung, 11, 1957, S. 17–32.

[24] ULBRICHT, R., Das Kugelphotometer, R. Oldenbourg, München und Berlin 1920.

[25] SANDERS, C. and O. JONES, On the significance of photometric measurements, Journal of the Optical Society of America, 52 (1962), S. 394.

[26] DE BOER and KUNDSEN, The pattern of road luminance in public lighting, Vortrag vor der Internationalen Beleuchtungskommission, Wien 1963.

[27] WITTKE, Fehlerfreie elektronische Differentiation, Elektronische Rundschau, 1957.

[28] BERGER, HÖVELMANN und KÖSSLER, Eine Schaltung zur elektrischen Integration und Differentiation, Elektronische Rundschau, 1960.

Forschungsberichte des Landes Nordrhein-Westfalen

Herausgegeben im Auftrage des Ministerpräsidenten Heinz Kühn
von Staatssekretär Professor Dr. h. c. Dr. E. h. Leo Brandt

Sachgruppenverzeichnis

Acetylen · Schweißtechnik

Acetylene · Welding gracitice
Acétylène · Technique du soudage
Acetileno · Técnica de la soldadura
Ацетилен и техника сварки

Arbeitswissenschaft

Labor science
Science du travail
Trabajo científico
Вопросы трудового процесса

Bau · Steine · Erden

Constructure · Construction material · Soil research
Construction · Matériaux de construction · Recherche souterraine
La construcción · Materiales de construcción Reconocimiento del suelo
Строительство и строительные материалы

Bergbau

Mining
Exploitation des mines
Minería
Горное дело

Biologie

Biology
Biologie
Biologia
Биология

Chemie

Chemistry
Chimie
Quimica
Химия

Druck · Farbe · Papier · Photographie

Printing · Color · Paper · Photography
Imprimerie · Couleur · Papier · Photographie
Artes gráficas · Color · Papel · Fotografía
Типография · Краски · Бумага · Фотография

Eisenverarbeitende Industrie

Metal working industry
Industrie du fer
Industria del hierro
Металлообработывающая промышленность

Elektrotechnik · Optik

Electrotechnology · Optics
Electrotechnique · Optique
Electrotécnica · Optica
Электротехника и оптика

Energiewirtschaft

Power economy
Energie
Energía
Энергетическое хозяиство

Fahrzeugbau · Gasmotoren

Vehicle construction · Engines
Construction de véhicules · Moteurs
Construcción de vehículos · Motores
Производство транспортных · Средств

Fertigung

Fabrication
Fabrication
Fabricación
Производство

Funktechnik · Astronomie

Radio engineering · Astronomy
Radiotechnique Astronomie
Radiotécnica · Astronomía
Радиотехника и астрономия

Gaswirtschaft
Gas economy
Gaz
Gas
Газовое хозяйство

Holzbearbeitung
Wood working
Travail du bois
Trabajo de la madera
Деревообработка

Hüttenwesen · Werkstoffkunde
Metallurgy · Materials research
Métallurgie · Materiaux
Metalurgia · Materiales
Металлургия и материаловедение

Kunststoffe
Plastics
Plastiques
Plásticos
Пластмассы

Luftfahrt · Flugwissenschaft
Aeronautics · Aviation
Aéronautique · Aviation
Aeronáutica · Aviación
Авиация

Luftreinhaltung
Air-cleaning
Purification de l'air
Purificación del aire
Очищение воздуха

Maschinenbau
Machinery
Construction mécanique
Construcción de máquinas
Машиностроительство

Mathematik
Mathematics
Mathématiques
Mathemáticas
Математика

Medizin · Pharmakologie
Medicine · Pharmacology
Médecine · Pharmacologie
Medicina · Farmacología
Медицина и фармакология

NE-Metalle
Non-ferrous metal
Metal non ferreux
Metal no ferroso
Цветные металлы

Physik
Physics
Physique
Física
Физика

Rationalisierung
Rationalizing
Rationalisation
Racionalización
Рационализация

Schall · Ultraschall
Sound · Ultrasonics
Son · Ultra-son
Sonido · Ultrasónico
Звук и ультразвук

Schiffahrt
Navigation
Navigation
Navegación
Судоходство

Textilforschung
Textile research
Textiles
Textil
Вопросы текстильной промышленности

Turbinen
Turbines
Turbines
Turbinas
Турбины

Verkehr
Traffic
Trafic
Tráfico
Транспорт

Wirtschaftswissenschaften
Political economy
Economie politique
Ciencias económicas
Экономические науки

Einzelverzeichnis der Sachgruppen bitte anfordern

Westdeutscher Verlag · Köln und Opladen
567 Opladen/Rhld., Ophovener Straße 1–3, Postfach 1620

GPSR Compliance
The European Union's (EU) General Product Safety Regulation (GPSR) is a set of rules that requires consumer products to be safe and our obligations to ensure this.

If you have any concerns about our products, you can contact us on

ProductSafety@springernature.com

In case Publisher is established outside the EU, the EU authorized representative is:

Springer Nature Customer Service Center GmbH
Europaplatz 3
69115 Heidelberg, Germany

www.ingramcontent.com/pod-product-compliance
Ingram Content Group UK Ltd.
Pitfield, Milton Keynes, MK11 3LW, UK
UKHW061658190726
13853UKWH00008B/2284

* 9 7 8 3 6 6 3 0 6 1 5 8 8 *